Franz Meisner

Eine Formelsammlung:

Mathematik

Geometrie

Stochastik

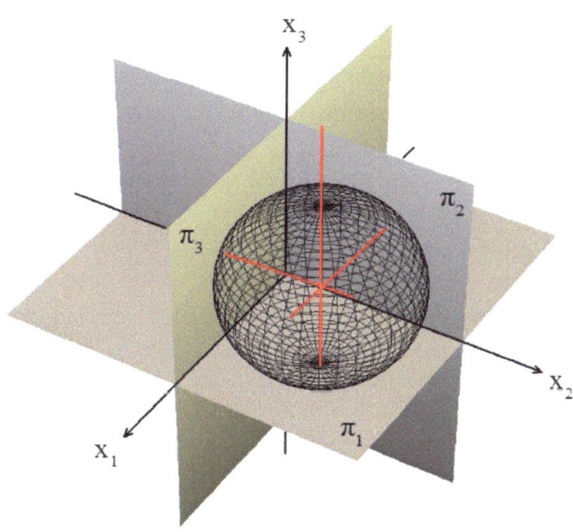

Umschlaggestaltung, Illustration: Franz Meisner
Lektorat, Korrektorat: Meisner / Behrend

Verlag: tredition GmbH, Hamburg

ISBN Taschenbuch: 978-3-7439-6896-7
ISBN Hardcover: 978-3-7439-4742-9
ISBN e-Book: 978-3-7439-4743-6

Bibliografische Information der Deutschen Nationalbibliothek:
Die Deutsche Nationalbibliothek verzeichnet diese Publikation in der Deutschen Nationalbibliografie; detaillierte bibliografische Daten sind im Internet über http://dnb.d-nb.de abrufbar.

Inhaltsverzeichnis

Grundbegriffe: 14

Logische Verknüpfungszeichen: 14
Mathematische Verknüpfungszeichen: 14
Zahlenmengen (nach DIN 5473) 16

Zahlensysteme: 17

Dualsystem: 17
Dezimalsystem: 17

Mengenlehre: 17

Gesetze der Mengenalgebra: 18
Gesetze von De Morgan: 19
Venn-Diagramm und Vierfeldertafel: 19
Stochastisch (un)abhängige Ereignisse: 20
   Baumdiagramm für unabhängige Ereignisse: 21
   Baumdiagramm für abhängige Ereignisse: 21
Bedingte Wahrscheinlichkeit: 21

Statistik: 22

Kennwerte der Statistik: 22
   Modalwert (Mo): 22
   Mittelwert x: 22
   Quartil: 22
      Unteres Quartil: 22
      Mittleres Quartil: 22
      Oberes Quartil: 23
Der Boxplot: 23

Stochastik: 24

Kombinatorik: 24
   Permutation: 24
   Variation: 24
   Kombination: 24
   Mehrfach Kombination: 24
   Der Binomialkoeffizient: 25
Die Binomialverteilung: 25
   Zugehörige Wahrscheinlichkeitsfunktion: 25
   Zugehörige Verteilungsfunktion: 25
   Kennwerte der Binomialverteilung: 26
      Erwartungswert: 26

Varianz:..26
Standartabweichung:...26
Wartezeitaufgaben:...26
Die "dreimal mindestens" Aufgabe:...26
Die Hypergeometrische Verteilung:...27
Zugehörige Wahrscheinlichkeitsfunktion:...28
Zugehörige Verteilungsfunktion:...28
Kennwerte der Hypergeom. Verteilung:...28
Erwartungswert:...28
Varianz:..28
Standartabweichung:...28
Kennwerte von Verteilungen (allgem.):..29
Erwartungswert:...29
Varianz:..29
Standartabweichung:...29
Wahrscheinlichkeit eines Intervalls:...29
Intervall um den Erwartungswert:...29

Algebra:..30

Addition:...30
Subtraktion:...30
Multiplikation:..30
Division:..30
Bruchrechnung:..31
Rechengesetze:...31
Erweitern:...31
Kürzen:..31
Multiplizieren:...31
Dividieren:..31
Addieren, Subtrahieren:..32
Wurzeln:...32
Wurzelgesetze:..33
Multiplikation:..33
Division:..33
Wurzel zu Potenzen:..33
Potenzen:..33
Potenzgesetze:...33
Multiplikation:..33
Division:..34
Potenzieren:..34
Vorzeichen des Exponenten:...34
Potenzen als Wurzeln:...34
Binome und Trinome:..34
Binomischer Satz:..35
Pascalsches Dreieck:...35

Die Fakultät:..35
Der Logarithmus:..36
    Entlogarithmieren:..36
    Logarithmieren:...36
    Spezielle Logarithmen:...36
        Zehnerlogarithmus:...36
        Zweierlogarithmus:..36
        Logarithmus Naturalis:..36
        x als Basis:...36
    Logarithmengesetze:...36
        Produktregel:..36
        Quotientenregel:...36
        Potenzregel:..37
        Basisregel:...37
        Argumentregel:...37
        Basis a nach Basis e:..37
        Funktion und Umkehrfunktion:..37

Lineare Gleichungssysteme:...37

Zwei Gleichungen mit zwei Unbekannten:..37
    Verfahren nach Kramer:..37
    Das Einsetzverfahren:..38
    Das Gleichsetzungsverfahren:..38
    Das Additionsverfahren:..39
Drei Gleichungen mit drei Unbekannten:...39
    Dreireihige Determinante:...39
        Regel von Sarrus:...39
Berechnung von n×n Gleichungssystemen:..40
    Gauß, kurz:..40
Quadratische Gleichungen:...40
    Lösungsformel:..40
        Diskriminante D:..40
        speziell für a = 1:...41
        Satz von Vieta:...41

Iterationsverfahren:...41

Hornerschema:...41
Heronverfahren:...42
Regula falsi:...42
Newtonverfahren:..42

Folgen und Reihen:...43

Die arithmetische (Zahlen) Folge:..43
Die arithmetische (Zahlen) Reihe:..43

Die geometrische (Zahlen) Folge:..44
Die geometrische (Zahlen) Reihe:..44
Monotonie einer (Zahlen) Folge:...44
Potenzsummen:...45
Zins und Zinseszins:...45
    Kapital nach n Jahren:..45
    Ratentilgung für n Jahre:..45
Prozentrechnung:..46
    Erhöhter Grundwert:...46
    Verminderter Grundwert:...46
Kostenstruktur:...47

Analysis:..**47**

Koordinatensysteme:...47
    Das kartesische Koordinatensystem:..47
    Das polare Koordinatensystem:...47
    Das logarithmische Koordinatensystem:...48
Die Relation:...48
Die Funktion:..48
    Stetigkeit und Differenzierbarkeit einer Fkt:..48
    Monotonie einer Funktion:..49
Funktionentransformation:...49
Die Betragsfunktion:...50
Die Signum-Funktion:...50
Die lineare Funktion (Gerade):...51
    Normalform:..51
    Punkt-Steigungs-Form:...51
    Zwei-Punkte-Form:...51
    Achsen-Abschnittsform:..51
    Vektorform:...51
    Abstand eines Punktes A zu g:..52
    Schnittwinkel zweier Geraden:..52
Die quadratische Funktion (Parabel):..52
    Allgemeine Form:..53
    Scheitelpunktsform:..53
    Produktform:...53
        Scheitelpunktskoordinaten..53
        Nullstellen einer Parabel berechnen:..54
        Scheitelkoordinaten aus x_1 und x_2:...54
Geometrische Deutung der Parabel:..55
Die Exponentialfunktion:..56
    Bestimmen von k und a aus Tabelle:..57
    Schreibweise mit e als Basis:..57

Exponentialfunktion periodischer Vorgänge:..57
Radioaktiver Zerfall:..57
Die allgemeine Logarithmusfunktion:..58
Die allgemeine Sinusfunktion:..58
Die allgemeine Kosinusfunktion:..59
Die allgemeine Tangensfunktion:..60

Trigonometrie am Einheitskreis:..61

Funktionswerte für negative Winkel:..62
Trigonometrischer Pythagoras:..62
Zusammenhang zwischen Sinus und Kosinus:..62
Additionstheoreme:..62
Funktionen des doppelten Winkels:..63
Funktionen des halben Winkels:..63
Umwandlung von Produkten:..63

Die Umkehrfunktion:..63

Ableitung der Umkehrfunktion:..64

Differenzieren (Ableiten):..65

Differenzenquotient:..65
Differentialquotient:..65
Differential:..65
Ableitung einiger Grundfunktionen:..66
Ableitungsregeln:..67
Summenregel:..67
Produktregel:..67
Quotientenregel:..67
Kettenregel:..67
Die logarithmische Ableitung:..67
Ableiten der Parameterform:..68

Kurvendiskussion:..68

a) Bestimmen der Definitionsmenge..68
b) Bestimmen der Symmetrie..68
c) Asymptoten und Polstellen:..68
Grenzwertverhalten:..69
d) Schnittpunkte mit den Koordinatenachsen:..69
e) Extremwerte und Monotonie:..69
f) Wendepunkte und Krümmung:..69

Grenzwertberechnung:..70

Konstantenregel:..70

Summenregel:..70
Produktregel:..70
Quotientenregel:...70
Wurzelregel:...70
Potenzregel:...70
Exponentenregel:...70
Logarithmusregel:..70
Regel von Bernoulli und De L' Hospital:...70
Grundgrenzwerte:...71

Integralrechnung:...72

Das unbestimmte Integral:..72
Grund- bzw. Stammintegrale:...72
Integrationsregeln:..73
    Faktorregel:...73
    Summenregel:..73
Integrationsverfahren:...74
    Die Integralsubstitution:..74
    Partielle- oder Produktintegration:...75
    Die Partialbruchzerlegung:...75
Das bestimmte Integral:..76
    Bestimmtes Integral als Fläche:...77
    Rechenregeln des bestimmten Integrals:..77
        Vertauschungsregel:..77
        Nullregel:...77
        Intervallregel:..77
Die Integralfunktion:..77
HDI:..77
Das uneigentliche Integral:...78
    Integrieren gegen eine Polstelle:..78
Rotationsvolumen und Mantelfläche:...78
    - um die x-Achse:...78
    - um die y-Achse:...79

Geometrie: (euklidische)..80

Punktmengen: (geometrische Örter)...80
Strahlensätze:...81
Teilung einer Strecke:..81
Der goldene Schnitt:...81
Dreiecke:..82
    Das gleichseitige Dreieck:..82
    Das gleichschenklige Dreieck:...82
    Das rechtwinklige Dreieck:..83

Winkelfunktionen im rechtwinkligen Dreieck:...83

Der Satz des Pythagoras:..84

    Kathetensatz:...84

    Höhensatz:...84

    Das allgemeine Dreieck:..85

    Fläche eines Dreiecks:...85

Trigonometrie:...86

    Sinussatz:...86

    Kosinussatz:...86

Vierecke:..87

    Das allgemeine Viereck:..87

    Das allgemeine konvexe Viereck:..87

    Das allgemeine konkave Viereck...87

Das Quadrat:..88

Das Rechteck:...88

Das Parallelogramm:...89

Die Raute:...89

Das Drachenviereck:...90

    Das konvexe Drachenviereck:..90

    Das konkave Drachenviereck:..90

Das Trapez:...91

Das Sehnenviereck:...91

Das Tangentenviereck:..92

Das regelmäßige n-Eck:..92

Der Kreis:...93

    Kreisfläche:..93

    Kreisumfang:..93

    Sektorfläche:..93

    Segmentfläche:...93

    Kreisbogen:..93

Der Fasskreisbogen:..94

Kreis und Tangente:..94

    Äußere Tangenten:...94

    Innere Tangenten:..95

Die Ellipse:...95

Stereometrie (Körper):..**96**

Das Prisma:...96

    Der Würfel:..96

    Der Quader:...97

    Der (gerade) Kreiszylinder:..97

    Kreisringzylinder:..98

Die Pyramide:...99
    Pyramidenstumpf:...99
    Die quadratische Pyramide:..99
    Der (gerade) Kreiskegel:..100
    Der (gerade) Kreiskegelstumpf:...100
Die platonischen Körper:...101
    Der Tetraeder (Vierflächer):..101
    Der Hexaeder (Sechsflächer):..101
    Der Oktaeder (Achtflächer):..102
    Der Dodekaeder (Zwölfflächer):..102
    Der Ikosaeder (Zwanzigflächer):...102
Die Kugel:..103
    Kugelkeil:...103
    Kugelsegment:...103
    Kugelsektor:...104
    Kugelschicht:...104

Analytische Geometrie:..105

Begriffserklärungen:..105
Vektoren im R^2:..106
    Basisvektoren:...106
    Vektoraddition:..106
    Vektoren zwischen Punkten:..106
    Mittelpunktsvektor einer Strecke [AB]:...................................107
    Länge oder Betrag eines Vektors:..107
    Skalare Multiplikation eines Vektors:......................................107
    Linear abhängige (kollineare) Vektoren:.................................108
    Das Skalarprodukt:...108
    Orthogonale Vektoren:..108
    Der Einheitsvektor:...108
    Winkel zwischen zwei Vektoren:...109
    Winkelhalbierender Vektor:...109
    Das Kreuz- oder Vektorprodukt im R^2:.................................110
    Parallelogrammfläche:...110
    Dreiecksfläche:...110
    Schwerpunktsvektor eines Dreiecks:..111
    Drehung eines Vektors um 90°:...111
    Senkrechte Projektion eines Vektors:.......................................111
Vektorielle Geradengleichung im R^2:......................................112
    Parameterform einer Geraden:..112
    Normalenform einer Geraden:...112
    Koordinatenform einer Geraden:...112

Die Hessesche Normalenform HNF:..113
Abstand eines Punktes P zur Geraden g:..113
Schnittwinkel zweier Geraden g und h:..114
Die Kreisgleichung:...114
Tangentengleichung an den Kreis-Punkt P:..114

Abbildungen in der Ebene:..**115**

Die Scherung:..115
Die Zentrische Streckung:..116
Drehung eines Vektors um seinen Fußpunkt:..117
Drehung eines Punktes P um einen Punkt S:...118
Die Drehstreckung:...118
Die Achsenspiegelung:...119
a) Spiegelachse ist die x-Achse...119
b) Spiegelachse ist die y-Achse:...120
c) Spiegelachse mit $y = mx + t$:...121
Die Punktspiegelung:...122
a) Punktspiegeln am Ursprung:...122
b) Spiegeln an einem beliebigen Punkt S:...123
Die Vektorverschiebung:..124
Die orthogonale Affinität:..125
Fixpunkte von Abbildungen:...126

Vektorrechnung im R^3:..**127**

Linear abhängige (komplanare) Vektoren:...127
Die Basisvektoren des R^3:..127
Komponentendarstellung eines Vektors:...127
Matrixform eines Ortsvektors:..128
Vektor durch zwei Punkte:...128
Addition und Subtraktion von Vektoren:...128
Multiplikation eines Vektors mit einem Skalar:.....................................129
Der inverse Vektor:..129
Länge (Betrag) eines Vektors:..129
Abstand zwischen zwei Punkten A und B:...129
Mittelpunkt einer Strecke [AB]:..130
Der Einheitsvektor:..130
Winkelhalbierende Vektoren:..130
Das Skalarprodukt:...130
Der senkrechte Projektionsvektor:...130
Projektionen von Ortsvektoren:..131
Richtungswinkel zwischen Ortsvektor und Koordinatenachsen:...................131
Beziehung der Richtungswinkel:..131

Winkel zwischen Ortsvektor + Koordinatenebene:................................132
Das Vektorprodukt:...132
   (1) Berechnung über eine Determinante:..132
   (2) Rechenschema:..133
Winkel zwischen zwei Vektoren:...133
   Nachweis kollinearer (linear abhängige) Vektoren:...........................134
   Geometrische Deutung des Vektorprodukts:......................................134
Das Spatprodukt (gemischtes Produkt):...134
   In Determinantenschreibweise:..135
   Rechengesetze:..135
   Nachweis komplanarer Vektoren:...135
Geometrische Deutung des Spatprodukts:..135
   Spat mit dreieckiger Grundfläche:..136
   Pyramide mit Parallelogramm als A_G..136
   Pyramide mit dreieckiger Grundfläche:...137
Die Geradengleichung im Raum:..137
   Zweipunkte-Form einer Geraden:...137
   Punkt-Richtungs-Form einer Geraden:...138
   Projektionen von g auf die Koordinatenebenen:.................................138
Lage von Geraden im Raum:...138
   (1) Parallele Geraden:...138
   (2) Identische Geraden:...139
   (3) Sich schneidende Geraden:..139
   (4) Windschiefe Geraden:..139
Die Ebenengleichung im Raum:...140
   (I) Parameterform einer Ebene E:...140
     (1) Drei-Punkte-Form:..140
     (2) Punkt-Richtungs-Form:...140
   (II) Normalenform einer Ebene E:..140
   (III) Koordinatenform einer Ebene E:...141
   Hessesche Normalenform (HNF) der Ebene E:...................................141
   Abstand eines Punktes P zur Ebene E:..141
   (IV) Determinantenschreibweise einer Ebene E:................................142
   (V) Die Achsen-Abschnittsform einer Ebene E:.................................142
Spurgeraden der Ebene E:...143
Lage von Ebenen:..143
   (1) Parallele (bzw. identische) Ebenen:...143
   (2) Die Ebenen schneiden sich:...143
   Ermitteln der Schnittgeraden s:..143
     (I) Über Richtungs- und Ortsvektor:..143
     (II) Über Gleichsetzen $E_1 = E_2$:...144
     (III) Die Ebenen liegen in Koordinatenform vor:........................144
Berechnen von Abständen im Raum:..144

(I) Punkt – Gerade:...144

(II) Windschiefe Geraden g und h:..146

(III) Punkt – Ebene:..148

Die Kugel:...149

Kartesische Koordinaten einer Kugel:...149

Vektorform einer Kugel:...149

Koordinatenform einer Kugel:..149

Parameterform einer Kugel: (Kugelkoordinaten)..............................150

Koordinatentransformation:...150

Anhang:...**152**

Flussdiagramm Gerade – Gerade:...152

Flussdiagramm Gerade – Ebene:..153

Flussdiagramm Ebene – Ebene:..154

Das Griechische Alphabet:..155

Einheitenvorsätze:...155

Grundbegriffe:

Logische Verknüpfungszeichen:

$A \wedge B$	A und B (sowohl A als auch B)
$A \vee B$	A oder B (entweder A oder B)
$\neg A$	nicht A
$A \rightarrow B$	wenn A dann B (B folgt auf A)
$A \leftrightarrow B$	wenn A dann B und umgekehrt
$A \Rightarrow B$	aus A folgt B
$A \Leftrightarrow B$	aus A folgt B und umgekehrt (Äquivalenzaussage)
$\exists x$	es existiert (mindestens) ein x
$\forall x$	für alle (oder jedes) x gilt

Mathematische Verknüpfungszeichen:

$x = y$	x ist gleich y (Gleichheitszeichen)
$x \neq y$	x ist ungleich y (Ungleichheitszeichen)
$x \equiv y$	x ist identisch mit y (x ist kongruent zu y)
$x \approx y$	x ist ungefähr (nahezu) y
$x \cong y$	x ist ungefähr gleich y
$x := y$	x wird (der Wert von) y zugewiesen
$x \triangleq y$	x entspricht y
$x \sim y$	x ist (direkt) proportional zu y
$x \sim \dfrac{1}{y}$	x ist umgekehrt proportional zu y
$x < y$	x ist kleiner als y
$x \leq y$	x ist kleiner oder gleich y
$x > y$	x ist größer als y
$x \geq y$	x ist größer oder gleich y
$x \ll y$	x ist sehr viel kleiner als y
$x \gg y$	x ist sehr viel größer als y
$x + y$	x plus y (Addition ; addieren)
$x - y$	x minus y (Subtraktion; subtrahieren)
$x \cdot y$	x mal y (Multiplikation; multiplizieren)

$x \div y$ x geteilt durch y (Division, dividieren)

$\dfrac{x}{y}$; x/y x geteilt durch y (Zähler durch Nenner)

$x : y$ x verhält sich zu y

$x \mid y$ x ist Teiler von y

$x \perp y$ x steht senkrecht auf y

$x \parallel y$ x ist parallel zu y

$x \# y$ x ist parallel und gleich y (identisch)

Δx Zuwachs x (lies: Delta x)

$x \mapsto y$ x wird abgebildet auf y

$\sqrt{x}$ Quadratwurzel aus x (x = Radikant)

$\sqrt[n]{x}$ n-te Wurzel aus x (n = Wurzelexponent)

$|x|$ Betrag von x (Betrag ist immer positiv)

x^2 Quadrat

x^3 Kubik

$$\operatorname{sgn}(x) = \begin{cases} +1 & \text{für } x > 0 \\ 0 & \text{für } x = 0 \\ -1 & \text{für } x < 0 \end{cases}$$

Signumfunktion = Vorzeichenfunktion (steuert das Vorzeichen)

$$\sum_{i=1}^{n} x_i$$

Summe aller x von x_1 bis x_n und i; $i; n \in \mathbb{N}$.

$$\sum_{i,k=1}^{n} x_{ik} = \sum_{i=1}^{n} \left(\sum_{k=1}^{n} x_{ik} \right) \qquad i; k; n \in \mathbb{N}$$

$$\prod_{i=1}^{n} x_i$$

Produkt aller x von x_1 bis x_n und i; $i; n \in \mathbb{N}$.

$f \circ g$ f ist verknüpft mit g ; $f\big(g(x)\big)$

$\dfrac{\Delta y}{\Delta x}$ Differenzenquotient   (Steigung der Sekante)

                                               (Δ sprich Delta)

$\dfrac{dy}{dx}$ Differentialquotient   (Steigung der Tangente)

$$\frac{d}{dx}f(x)$$ Ableitung von f(x) (d = Differential)

$$\frac{\partial f}{\partial x}$$ partielle Differentiation (∂ sprich Del)

$\int$ Integralzeichen

$\oint$ Kurvenintegral

∞ Unendlich

% Prozent (von Hundert)

‰ Promille (von Tausend)

Zahlenmengen (nach DIN 5473)

$\mathbb{N}=\{0, 1, 2, 3, \ldots\infty\}$ **Natürliche** Zahlen **mit** Null

$\mathbb{N}^*=\{1, 2, 3, 4, \ldots\infty\}$ **Natürliche** Zahlen **ohne** Null

$\mathbb{Z}=\{-\infty.., -2, -1, 0, 1, 2, ..\infty\}$ Ganze Zahlen **mit** Null

$\mathbb{Z}^*=\{-\infty.., -2, -1, 1, 2, ..\infty\}$ Ganze Zahlen **ohne** Null

$\mathbb{Z}_+$ alle positiven ganzen Zahlen **mit** Null

$\mathbb{Z}_+^*$ alle positiven ganzen Zahlen **ohne** Null

$\mathbb{Z}_-$ alle negativen ganzen Zahlen **mit** Null

$\mathbb{Z}_-^*$ alle negativen ganzen Zahlen **ohne** Null

$\mathbb{Q}$ Rationale Zahlen (**q**uasi alle Brüche)

$\mathbb{Q}^*$ alle rationalen Zahlen **ohne** Null

$\mathbb{Q}_+$ alle positiven rationalen Zahlen **mit** Null

$\mathbb{Q}_+^*$ alle positiven rationalen Zahlen **ohne** Null

$\mathbb{Q}_-$ alle negativen rationalen Zahlen **mit** Null

$\mathbb{Q}_-^*$ alle negativen rationalen Zahlen **ohne** Null

$\mathbb{R}$ Reelle Zahlen (rationale und irrationale Zahlen)

$\mathbb{R}^*$ alle reellen Zahlen **ohne** Null

$\mathbb{R}_+$ alle positiven reellen Zahlen **mit** Null

$\mathbb{R}_+^*$ alle positiven reellen Zahlen **ohne** Null

$\mathbb{R}_-$	alle negativen reellen Zahlen **mit** Null
$\mathbb{R}_-^*$	alle negativen reellen Zahlen **ohne** Null
$\mathbb{C}$	Komplexe Zahlen
Re(z)	Realteil einer komplexen Zahl
Im(z)	Imaginärteil einer komplexen Zahl
$i = \sqrt{-1}$	imaginäre Einheit
$\mathbb{G}$	Grundmenge (Zahlenmenge für $\mathbb{D}$; $\mathbb{W}$ und $\mathbb{L}$)
$\mathbb{D}$	Definitionsmenge (Alle für x zulässigen Zahlen)
$\mathbb{W}$	Wertemenge (Alle Werte, die y annehmen kann)
$\mathbb{L}$	Lösungsmenge (Alle Werte, die Lösung sind)

Zahlensysteme:

Dualsystem: $\Omega = \{0 ; 1\}$ (Zweiersystem)

Dezimalsystem: $\Omega = \{0; 1; 2; 3; 4; 5; 6; 7; 8; 9\}$

Dez. $\rightarrow$ Dual.

DZ = 14		s	i
14:2 = 7	Rest	**0**	0
7:2 = 3	Rest	**1**	1
3:2 = 1	Rest	**1**	2
1:2 = 0	Rest	**1**	3

Binär: **1 1 1 0**

Dual. $\rightarrow$ Dez.

i	3	2	1	0
s	**1**	**0**	**1**	**0**
	$1 \cdot 2^3 = 8$	$0 \cdot 2^2 = 0$	$1 \cdot 2^1 = 2$	$0 \cdot 2^0 = 0$

$DZ = 8 + 0 + 2 + 0 = \mathbf{10}$

$$\boxed{0 \cdot 2^i \text{ bzw. } 1 \cdot 2^i}$$

Mengenlehre:

$a \in M$	a ist Element von M
$a \notin M$	a ist kein Element von M
A = B	Die Mengen A und B sind elementgleich

$A \subset B$ A ist Teilmenge von B   (A ist in B enthalten)

$A \subseteq B$ A ist echte Teilmenge von B (A ist in B enthalten)

$A \subseteq \Omega$ A ist vollständig in Omega enthalten

$\omega \in \Omega$ klein Omega ist Element der Ergebnismenge groß Omega (ω = ein Ergebnis)

$|P(\Omega)| = 2^{|\Omega|}$ Potenzmenge von Ω gleich Anzahl aller möglichen Ereignisse, die mit Ω gebildet werden können (einschl. "unmögliches" und "sicheres" Ereignis.)

$A \cap B$ Schnittmenge, ω ist aus A und aus B

$A \cup B$ Vereinigungsmenge, ω ist aus A oder aus B

$\overline{A}$ Komplementmenge, ω ist nicht aus A

$A \setminus B = A \cap \overline{B}$ Differenzmenge,   A ohne B

$A \times B$ Produktmenge (A Kreuz B) $\{(x,y) | x \in A \wedge y \in B\}$

$\{\} \; ; \; \varnothing$ Leere Menge (enthält keine Elemente)

Gesetze der Mengenalgebra: ($A,B,C \subseteq \Omega$)

$A \cap B = B \cap A$ Kommutativgesetz
$A \cup B = B \cup A$

$(A \cap B) \cap C = A \cap (B \cap C)$ Assoziativgesetz
$(A \cup B) \cup C = A \cup (B \cup C)$

$A \cap (B \cup C) = (A \cap B) \cup (A \cap C)$ Distributivgesetz
$A \cup (B \cap C) = (A \cup B) \cap (A \cup C)$

$A \cap (A \cup B) = A$ Absorptionsgesetz
$A \cup (A \cap B) = A$

$A \cap A = A \; ; \; A \cup A = A$ Idempotenzgesetz
$A \cap \overline{A} = \{\} \; ; \; A \cup \overline{A} = \Omega$

$$\overline{A \cap B} = \overline{A} \cup \overline{B} \quad ; \quad \overline{A \cup B} = \overline{A} \cap \overline{B}$$

$$C \setminus (A \cap B) = (C \setminus A) \cup (C \setminus B)$$

$$C \setminus (A \cup B) = (C \setminus A) \cap (C \setminus B)$$

Venn-Diagramm und Vierfeldertafel:

$A \cap B$ Schnittmenge (A und B sind eingetreten)

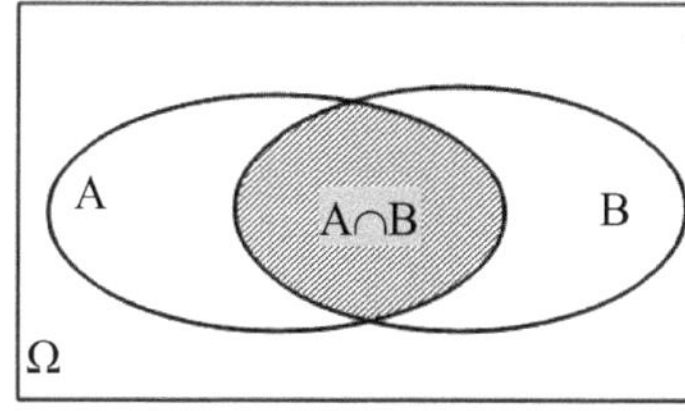

	A	$\overline{A}$	
B	$A \cap B$	$\overline{A} \cap B$	P(B)
$\overline{B}$	$A \cap \overline{B}$	$\overline{A} \cap \overline{B}$	$P(\overline{B})$
	P(A)	$P(\overline{A})$	1

$A \cup B$ Vereinigungsmenge (entweder aus A oder aus B)

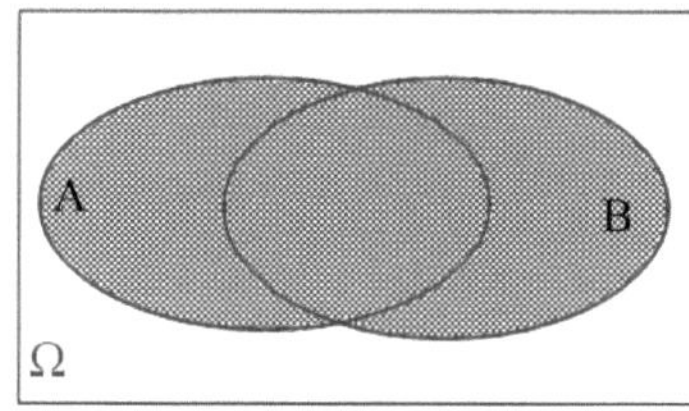

	A	$\overline{A}$	
B	$A \cap B$	$\overline{A} \cap B$	P(B)
$\overline{B}$	$A \cap \overline{B}$	$\overline{A} \cap \overline{B}$	$P(\overline{B})$
	P(A)	$P(\overline{A})$	1

$$P(A \cup B) = P(A) + P(B) - P(A \cap B)$$

$$P(A \cup B) = 1 - P(\overline{A} \cap \overline{B})$$

$$A \setminus B = A \cap \overline{B} \quad \text{Differenzmenge (A ohne B)}$$

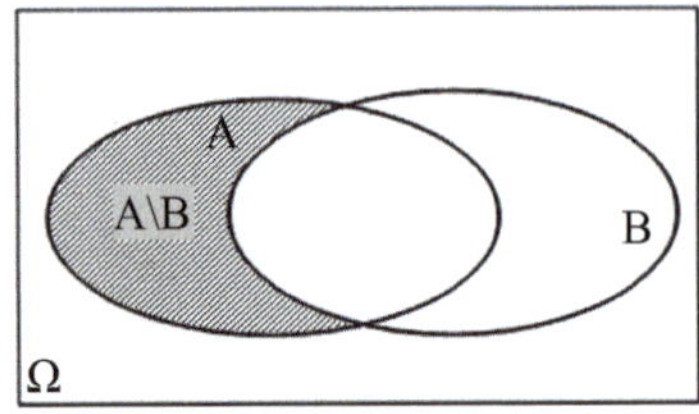

	A	$\overline{A}$	
B	$A \cap B$	$\overline{A} \cap B$	$P(B)$
$\overline{B}$	$A \cap \overline{B}$	$\overline{A} \cap \overline{B}$	$P(\overline{B})$
	$P(A)$	$P(\overline{A})$	1

$$\overline{A \setminus B} = \overline{A \cap \overline{B}} = \overline{A} \cup B \quad \text{(De Morgan)}$$

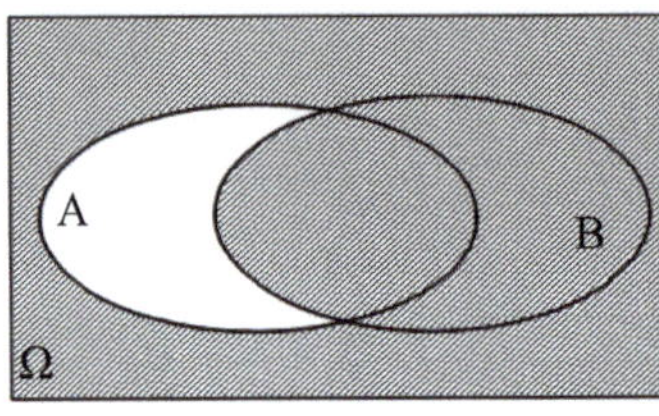

	A	$\overline{A}$	
B	$A \cap B$	$\overline{A} \cap B$	$P(B)$
$\overline{B}$	$A \cap \overline{B}$	$\overline{A} \cap \overline{B}$	$P(\overline{B})$
	$P(A)$	$P(\overline{A})$	1

$$\boxed{P(\overline{A} \cup B) = P(\overline{A}) + P(B) - P(\overline{A} \cap B)}$$

$$\boxed{P(\overline{A \setminus B}) = 1 - P(A \cap \overline{B})}$$

Stochastisch (un)abhängige Ereignisse:

	A	$\overline{A}$	
B	$P(A \cap B)$ +	$P(\overline{A} \cap B)$ =	$P(B)$
$\overline{B}$	$P(A \cap \overline{B})$ +	$P(\overline{A} \cap \overline{B})$ =	$P(\overline{B})$
	$P(A)$ +	$P(\overline{A})$ =	1

Satz: Ereignisse A und B sind stochastisch unabhängig
wenn gilt: $\boxed{P(A \cap B) = P(A) \cdot P(B)}$

Merke: Sind Ereignisse A und B unvereinbar (disjunkt), besitzen also keine
gemeinsame Schnittmenge, so sind diese stets stochastisch abhängig,
da aus $A \cap B = \{\}$ stets folgt: $P(A \cap B) \neq P(A) \cdot P(B)$

Baumdiagramm für unabhängige Ereignisse:

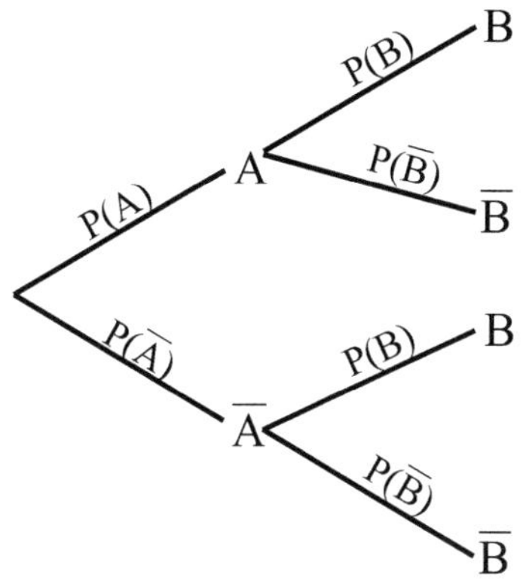

$$P(A)\cdot P(B) = P(A\cap B)$$

Erste Pfadregel:
Längs eines Weges werden die Wahrscheinlichkeiten multipliziert.

Zweite Pfadregel:
Wahrscheinlichkeiten aus verschiedenen Wegen werden addiert.

Baumdiagramm für abhängige Ereignisse:

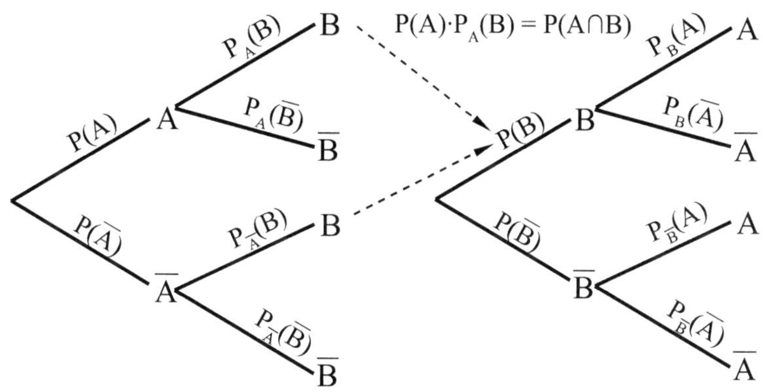

Bedingte Wahrscheinlichkeit:

$$P_A(B)=\frac{P(A\cap B)}{P(A)} \quad ; \quad P(A)\cdot P_A(B)=P(A\cap B)$$

$P_A(B)$ ist Wahrscheinlichkeit von B unter der Voraussetzung, dass A bereits eingetreten ist.

Merke: $$P(B)=P(A)\cdot P_A(B)+P(\overline{A})\cdot P_{\overline{A}}(B)$$

Alle Äste, die auf B enden ergeben addiert die Wahrscheinlichkeit P(B) von B.
(Gilt analog für alle Wahrscheinlichkeiten P($\overline{B}$), P(A), P($\overline{A}$)...)

Statistik:

Kennwerte der Statistik:

Modalwert (Mo): Wert mit der größten Häufigkeit.

Mittelwert $\overline{x}$:
$$\overline{x}=\frac{\sum_{i=1}^{n}x_i}{n}$$
n = Anzahl der gesammelten Werte

Minimum: Kleinstwert der Stichprobe

Maximum: Größtwert der Stichprobe

Spannweite R = Größtwert – Kleinstwert

Quartil: (Einteilung der Stichprobe in je 25%-ige Intervalle)

Unteres Quartil:

$$Q_1 \triangleq \widetilde{x}_{0,25}=\begin{cases} x_{\frac{n+1}{4}} & \text{für n ist ungerade}\\ \frac{1}{2}\left(x_{\frac{n}{4}}+x_{\frac{n}{4}+1}\right) & \text{für n ist gerade}\end{cases}$$

Mittleres Quartil:

Der Median (Md) ist der Wert in der Mitte einer Verteilung.

$$Md=\begin{cases} x_{\frac{n+1}{2}} & \text{für n ist ungerade}\\ \frac{1}{2}\left(x_{\frac{n}{2}}+x_{\frac{n}{2}+1}\right) & \text{für n ist gerade}\end{cases}$$

$Q_{Med} \triangleq Md$ (Median)

$$Q_3 \triangleq \tilde{x}_{0,75} = \begin{cases} x_{\frac{3(n+1)}{4}} & \text{für n ist ungerade} \\ \frac{1}{2}\left(x_{\frac{3n}{4}} + x_{\frac{3n}{4}+1} \right) & \text{für n ist gerade} \end{cases}$$

Quartilabstand $Q_A = Q_3 - Q_1$

Der Boxplot:

Mit diesem Verfahren werden statistische Daten sichtbar gemacht.

<u>Bsp:</u> Läufer brauchten für eine bestimmte Strecke in Minuten.

<u>Quartile der geordneten Daten:</u> (4 Abschnitte)

25; 26; 26; | 28; 28; 29; | 31; 31; 31; | 33; 34; 36   (n=12)

(27)   (30)   (32)

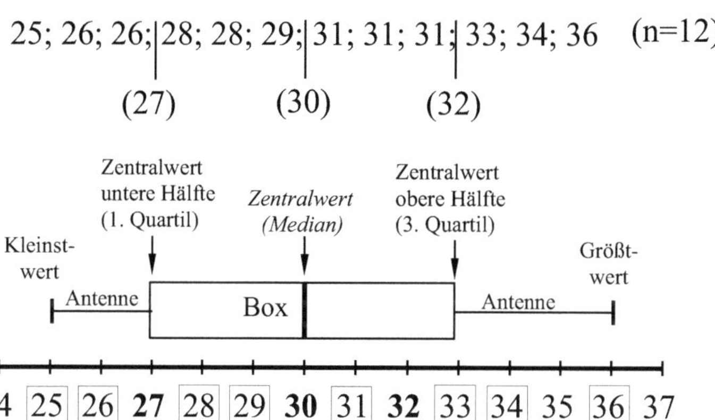

Modalwert: Mo = 31		**Minimum** = 25	
Maximum = 36		**Spannweite:** R = 36 − 25 = 11	
Median: MD = 30		**Unteres Quartil:** Q_1 = 27	
Oberes Quartil: Q_3 = 32		**Quartilabstand:** Q_A = 5	

Stochastik:

Kombinatorik:

Permutation: (**mit** Beachtung der Reihenfolge)

$$P_{oW}(n) = n!$$ **ohne** Wiederholung   (lies n Fakultät)

$$P_{mW}(n, k_1, .. k_i) = \frac{n!}{k_1! \cdot ... k_i!}$$ **mit** Wiederholung

$$P_K(n) = (n-1)!$$ (Kreispermutation, bei Anordnung im Kreis)

Variation: (**mit** Beachtung der Reihenfolge)

$$V_{oW}(n, k) = k!\binom{n}{k} = \frac{n!}{(n-k)!}$$ **ohne** Wiederholung
TR: $n \rightarrow$ **nPr** $\rightarrow k$

$$V_{mW}(n, k) = n^k$$ **mit** Wiederholung

Kombination: (**ohne** Beachtung der Reihenfolge)

$$K_{oW}(n, k) = \binom{n}{k} = \frac{n!}{k!(n-k)!}$$ **ohne** Wiederholung
TR: $n \rightarrow$ **nCr** $\rightarrow k$

$$K_{mW}(n, k) = \binom{n+k-1}{k} = \frac{(n+k-1)!}{k!(n-1)!}$$ **mit** Wiederholung

Mehrfach Kombination: (**ohne** Beachtung der Reihenfolge.)

$$K(N, K, n, k) = \binom{K}{k} \cdot \binom{N-K}{n-k}$$ **ohne** Wiederholung

Aus **N** Elementen werden **n** Elemente gezogen, welche **k** Elemente mit der Eigenschaft **K** beinhalten. (Auswahl aus einer Auswahl)

Der Binomialkoeffizient: $(k, n \in \mathbb{N})$ Sprich n über k

$$\binom{n}{k} = \frac{n!}{k!(n-k)!} = \frac{n(n-1)(n-2)..(n-k+1)}{k!}$$

Merke: $\quad \binom{n}{k} = \binom{n}{n-k} \quad ; \quad \binom{n+1}{k} = \binom{n}{k} + \binom{n}{k-1}$

Die Binomialverteilung: (hat nur **zwei** mögliche Ausgänge)

Wahrscheinlichkeitsverteilung einer Bernoulli-Kette der Länge n.
(Entspricht Ziehen **mit** Zurücklegen)

X = Was wird untersucht.

n = Anzahl der Versuche (Länge der Bernoulli-Kette)

p = Wahrscheinlichkeit dessen was untersucht wird.

k = Stelle x_i die interessiert.

Zugehörige Wahrscheinlichkeitsfunktion:

$$w(k) \equiv P(X = k) \equiv B(n;p;k) \equiv B_p^n(k) \qquad \boxed{\text{Versch. Schreibweisen}}$$

$$\boxed{w(k) = \binom{n}{k} \cdot p^k \cdot (1-p)^{n-k}} \quad \text{Wahrscheinlichkeit für \textbf{genau} k Treffer}$$

Zugehörige Verteilungsfunktion:

$$F(k) \equiv P(X \le k) \equiv B(n;p;\le k) \equiv B_p^n(\le k) \qquad \boxed{\text{Versch. Schreibweisen}}$$

$$\boxed{F(k) = \sum_{k=0}^{n} \left(\binom{n}{k} \cdot p^k \cdot (1-p)^{n-k} \right)} \quad \text{für k, } n \in \mathbb{N}$$

Wahrscheinlichkeit für **höchstens** k Treffer

Kennwerte der Binomialverteilung:

Erwartungswert:

$$E(X) = \mu = n \cdot p$$

Varianz:

$$\text{Var}(X) = \sigma^2(X) = n \cdot p \cdot (1-p)$$

Standartabweichung:

$$\sigma(X) = \sqrt{\text{Var}(X)} = \sqrt{n \cdot p \cdot (1-p)}$$

Wartezeitaufgaben: (die mit einer Bernoulli-Kette gelöst werden können)

p = Wahrscheinlichkeit für Treffer   Mit $k \leq h \leq i \in \mathbb{N}$

➢ Wahrscheinlichkeit für den <u>ersten</u> Treffer im **i**-ten Versuch.

$$P(E) = (1-p)^{i-1} \cdot p$$

➢ Wahrscheinlichkeit für den <u>ersten</u> Treffer <u>frühestens</u> im **i**-ten Versuch.

$$P(E) = (1-p)^{i-1}$$

➢ Wahrscheinlichkeit für den <u>ersten</u> Treffer <u>spätestens</u> im **i**-ten Versuch.

$$P(E) = 1 - (1-p)^{i}$$

➢ Wahrscheinlichkeit für den **k**-ten Treffer im **i**-ten Versuch.

$$P(E) = \binom{i-1}{k-1} \cdot p^{k} \cdot (1-p)^{i-k}$$

➢ Wahrscheinlichkeit für den **k**-ten Treffer <u>frühestens</u> im **i**-ten Versuch.

$$P(E) = \sum_{t=0}^{k-1} \binom{i-1}{t} \cdot p^{t} \cdot (1-p)^{i-1-t}$$

Die "dreimal mindestens" Aufgabe:

$$P(x \geq 1) \geq \frac{i\%}{100} \qquad \Leftrightarrow \qquad 1 - P(x=0) \geq \frac{i\%}{100}$$

$$1 - q^{n} \geq \frac{i\%}{100} \qquad \Leftrightarrow \qquad -q^{n} \geq \frac{i\%}{100} - 1 \quad / \cdot (-1)$$

$$\Leftrightarrow \quad \boxed{q^n \leq 1 - \frac{i\%}{100}}$$

$$\Leftrightarrow \quad \boxed{n \cdot \ln(q) \leq \ln\left(1 - \frac{i\%}{100}\right)}$$

$$\Leftrightarrow \quad \boxed{n \geq \frac{\ln\left(1 - \frac{i\%}{100}\right)}{\ln(q)}}$$

Beispiel: Wie oft muss man mindestens Würfeln, um mit einer Wahrscheinlichkeit von mindestens 95% mindestens einen Sechser zu werfen?

geg: $i = 95$; $p = \frac{1}{6}$; $q = 1 - p = \frac{5}{6}$

Lsg: $n \geq \dfrac{\ln\left(1 - \frac{95}{100}\right)}{\ln\left(\frac{5}{6}\right)} = 16{,}43$

Man muss also mindestens 17 mal Würfeln, um mit einer Wahrscheinlichkeit von mindestens 95% mindestens eine Sechs zu haben.

Die Hypergeometrische Verteilung:

X = was wird untersucht
N = Anzahl aller Elemente
K = Anzahl der Elemente in N mit gleichen Eigenschaften
n = Umfang der Stichprobe
k = Anzahl der Elemente aus K (genau)

(Entspricht Ziehen **ohne** Zurücklegen)

<u>**Zugehörige Wahrscheinlichkeitsfunktion:**</u>

$$w(k)=P(X=k)=H(N;K;n;k)=\frac{\binom{K}{k}\cdot\binom{N-K}{n-k}}{\binom{N}{n}}$$

Wahrscheinlichkeit für **genau** k Treffer

<u>**Zugehörige Verteilungsfunktion:**</u>

$$F(k)\mathrel{\hat=}P(X\le k)\mathrel{\hat=}H(N;K;n;\le k)=\sum_{i=0}^{k}\left[\frac{\binom{K}{i}\cdot\binom{N-K}{n-i}}{\binom{N}{n}}\right]$$

Wahrscheinlichkeit für **höchstens** k Treffer
(Berechnet man am besten mit dem PC oder Tafelwerk.)

<u>**Kennwerte der Hypergeom. Verteilung:**</u>

<u>**Erwartungswert:**</u>
$$E(X)=\mu=n\cdot\frac{K}{N}$$

<u>**Varianz:**</u>
$$Var(X)=\sigma^2(X)=\frac{n\cdot K\cdot(N-K)\cdot(N-n)}{N^2\cdot(N-1)}$$

<u>**Standartabweichung:**</u>
$$\sigma(X)=\sqrt{Var(X)}=\frac{1}{N}\cdot\sqrt{\frac{n\cdot K\cdot(N-K)\cdot(N-n)}{(N-1)}}$$

Kennwerte von Verteilungen (allgem.):

Erwartungswert:

$$\mu \stackrel{\wedge}{=} E(X) = \sum_{n}^{k} x_i \cdot w(x_i)$$

$$E(X^2) = \sum_{n}^{k} x_i^{\,2} \cdot w(x_i)$$

Varianz:

$$\sigma^2 \stackrel{\wedge}{=} Var(X) = \sum_{n}^{k} (x_i - \mu)^2 \cdot w(x_i)$$

kurz:

$$Var(X) = E\left[(x-\mu)^2\right]$$

alternativ:

$$Var(X) = E(X^2) - \mu^2$$

Standartabweichung:

$$\sigma = \sqrt{Var(X)}$$

Wahrscheinlichkeit eines Intervalls: $\quad x \in [a\,;\,b]$

$$P(a < X \leq b) = F(b) - F(a)$$

Untergrenze nicht "dabei" Obergrenze "dabei"

Intervall um den Erwartungswert:

$$P(|X-\mu| < \sigma) = P(\mu - \sigma < X < \mu + \sigma)$$

(Wahrscheinlichkeit der einfachen Standartabweichung σ um den Erwartungswert μ.)

Addition: $a + b = b + a = S$ mit $a,b \in \mathbb{R}$

Das Addieren einzelner Summanden a, b ergibt die Summe S

$$(-a) + (-b) = -a - b = S < 0$$

Das Addieren negativer Summanden ergibt die Negativ-Summe S
<u>Merke:</u> Schulden werden addiert!

Subtraktion: $a + (-b) = a - b = -b + a = D$

Das Addieren eines negativen Summanden zu einem positiven heißt
Subtrahieren, das Ergebnis nennt man Differenz.
Dabei sind **a** der Minuend und **b** der Subtrahend.

Multiplikation: $a \cdot b = b \cdot a = P$; Produkt der Faktoren a,b

Das Ergebnis einer Multiplikation heißt Produkt.

Es gilt: $(+) \cdot (+) = (+)$; $(-) \cdot (-) = (+)$; $(+) \cdot (-) = (-)$; $(-) \cdot (+) = (-)$

Die Multiplikation ist eine <u>Abkürzung</u> der Addition!
Bsp. $a+a+a+a+a+a+a+a+a+a+a+a = 12 \cdot a$

Division: $\dfrac{a}{b}$ heißt Quotient mit $a \in \mathbb{Z}$, $b \in \mathbb{Z}^*$

Das Ergebnis einer Division **a** geteilt durch **b** heißt Quotient.
Dabei ist **a** der Dividend und **b** der Divisor. Der Dividend **a** wird
auch Zähler und **b** Nenner des Bruchs genannt.

<u>EINE DIVISION DURCH NULL IST VERBOTEN!</u>

Bruchrechnung:

Ein Ausdruck der Form $\dfrac{\text{Zähler}}{\text{Nenner}}$ heißt Bruch.

Er heißt *echt*, wenn $|Z| < |N|$ sonst *unecht*.

Der <u>Kehrwert</u> des Bruches $\dfrac{a}{b}$ ist $\dfrac{b}{a}$ (Kehrbruch)

Der Kehrwert von a ist $\dfrac{1}{a}$

Rechengesetze:

Erweitern: $\quad \dfrac{a}{b} = \dfrac{a \cdot k}{b \cdot k} \quad$ Ein Bruch wird erweitert, indem man Zähler und Nenner mit dem selben Wert k multipliziert.

Kürzen: $\quad \dfrac{a}{b} = \dfrac{k \cdot c}{k \cdot d} = \dfrac{c}{d} \quad$ mit $b, d, k \neq 0$

Bestehen Zähler **a** und Nenner **b** aus einem Produkt mit dem selben Faktor k, so kann dieser "gekürzt" werden.

Multiplizieren: $\quad \dfrac{a}{b} \cdot k = \dfrac{a \cdot k}{b} \quad$ mit $b \neq 0$

Wird ein Bruch mit einer Zahl k multipliziert, so stellt man die Zahl k, mit Malpunkt, auf den Bruchstrich.

$$\dfrac{a}{b} \cdot \dfrac{c}{d} = \dfrac{a \cdot c}{b \cdot d} \quad \text{mit } b, d \neq 0$$

Ein Bruch wird mit einem Bruch multipliziert, indem man Zähler mit Zähler und Nenner mit Nenner multipliziert.

Dividieren: $\quad \dfrac{a}{b} \div k = \dfrac{a}{b \cdot k} \quad$ mit $b, k \neq 0$

Wird ein Bruch durch eine Zahl k dividiert, so stellt man die Zahl k, mit Malpunkt, unter den Bruchstrich.

$$\boxed{\dfrac{a}{b} \div \dfrac{c}{d} = \dfrac{a}{b} \cdot \dfrac{d}{c} = \dfrac{a \cdot d}{b \cdot c}} \quad \text{mit } b, c \neq 0$$

Ein Bruch wird durch einen Bruch dividiert, indem man den ersten Bruch mit dem Kehrwert des zweiten Bruchs multipliziert.

Addieren, Subtrahieren:

$$\boxed{\dfrac{a}{b} \pm k = \dfrac{a}{b} \pm \dfrac{k \cdot b}{b} = \dfrac{a \pm k \cdot b}{b}}$$

$$\boxed{\dfrac{a}{b} \pm \dfrac{m}{n} = \dfrac{a \cdot n}{b \cdot n} \pm \dfrac{m \cdot b}{n \cdot b} = \dfrac{a \cdot n \pm m \cdot b}{n \cdot b}}$$

Brüche werden addiert bzw. subtrahiert, indem man beide Brüche auf den Hauptnenner erweitert und die Zähler addiert bzw. subtrahiert.

Wurzeln: $\boxed{\sqrt[n]{a}}$ (sprich n-te Wurzel aus **a**)

n heißt Wurzelexponent, mit $n \in \mathbb{N}^*$

a ist der Radikant, mit $a \in \mathbb{R}_+$

$$\boxed{\sqrt[n]{0} = 0} \;;\; \boxed{\sqrt[n]{1} = 1} \;;\; \boxed{\sqrt[n]{-1}} \text{ ist in } \mathbb{R} \text{ nicht definiert!}$$

$$\boxed{\sqrt[n]{(a)^n} = \left(\sqrt[n]{a}\right)^n = \begin{cases} |a| & \text{für } n = \text{gerade} \\ a & \text{für } n = \text{ungerade} \end{cases}} \rightarrow \boxed{\begin{array}{l} \sqrt{(-16)^2} = \sqrt{|-16|^2} = 16 \\ \sqrt[3]{-8} = \sqrt[3]{(-2)^3} = -2 \end{array}}$$

$\boxed{\sqrt[n]{a} = b \quad \text{mit} \quad b^n = a}$ Die n-te Wurzel aus **a**, ist diejenige Zahl **b**, deren n-te Potenz **a** ergibt.

speziell: $\boxed{\sqrt[2]{a} \equiv \sqrt{a}}$ (sprich Quadratwurzel von a)

(gesucht ist die Zahl, die mit sich selbst multipliziert a ergibt)

Wurzelgesetze:

Multiplikation: $\quad \sqrt[n]{a \cdot b} = \sqrt[n]{a} \cdot \sqrt[n]{b} \quad$ mit $\left(a \cdot b\right) \geq 0$

Division: $\quad \sqrt[n]{\dfrac{a}{b}} = \dfrac{\sqrt[n]{a}}{\sqrt[n]{b}} \quad$ mit $b \neq 0$ und $\dfrac{a}{b} \geq 0$

Wurzel zu Potenzen: $\quad \sqrt[n]{a^m} = \left(\sqrt[n]{a}\right)^m = a^{\frac{m}{n}} \quad$ mit $a \geq 0$

$$\sqrt[m]{\sqrt[n]{a}} = \sqrt[n]{\sqrt[m]{a}} = \sqrt[m \cdot n]{a}$$

Potenzen: $\quad a^n = b \quad$ (sprich n-te Potenz von **a**)

a heißt Basis ; $\quad$ mit $a \in \mathbb{R}_+$

n heißt Potenz ; $\quad$ mit $n \in \mathbb{R}$

(**b** ist diejenige Zahl die man erhält, wenn man **a** n-mal mit sich selbst multipliziert. Bsp. $a \cdot a \cdot a \cdot a \cdot a = a^5$)

Merke: $\quad a^0 = 1 \quad ; \quad a^1 = a$

speziell: $\quad a^2 = b \quad$ (sprich a-quadrat ist b)

$\quad\quad\quad\quad a^3 = b \quad$ (sprich a-kubik ist b)

Potenzgesetze:

Multiplikation: $\quad a^m \cdot a^n = a^{m+n}$

Bei der Multiplikation *gleicher* Basen (mit verschiedenen Exponenten), werden die Exponenten addiert und die Basis beibehalten.

$$a^n \cdot b^n = \left(a \cdot b\right)^n$$

Bei der Multiplikation *verschiedener* Basen mit *gleichen* Exponenten, werden die Basen multipliziert und der Exponent beibehalten.

Division:

$$\frac{a^m}{a^n} = a^{m-n}$$

Bei der Division *gleicher* Basen (mit verschiedenen Exponenten), werden die Exponenten subtrahiert und die Basis beibehalten.

$$\frac{a^n}{b^n} = \left(\frac{a}{b}\right)^n$$

Bei der Division *verschiedener* Basen mit *gleichen* Exponenten, werden die Basen dividiert und der Exponent beibehalten.

Potenzieren:

$$\left(a^m\right)^n = a^{m \cdot n}$$

Wird eine vorhandene Potenz (in Klammern) potenziert, so wird die Basis beibehalten und die Hochzahlen multipliziert.

Vorzeichen des Exponenten:

$$a^{-n} = \frac{1}{a^n} \qquad \frac{1}{a^{-n}} = a^n$$

Bildet man den Kehrbruch einer Potenz, so wird der Exponent mit (–1) multipliziert.

Potenzen als Wurzeln:

$$a^{\frac{m}{n}} = \sqrt[n]{a^m}$$

Binome und Trinome:

$$(-a-b)^2 = (a+b)^2 = a^2 + 2ab + b^2 \qquad \text{(I) binomischer Lehrsatz}$$

$$(-a+b)^2 = (a-b)^2 = a^2 - 2ab + b^2 \qquad \text{(II) binomischer Lehrsatz}$$

$$a^2 - b^2 = (a-b) \cdot (a+b) \qquad \text{(III) binomischer Lehrsatz}$$

$$(a+b+c)^2 = a^2 + b^2 + c^2 + 2ab + 2ac + 2bc$$

$$(a \pm b)^3 = a^3 \pm 3a^2 b + 3ab^2 \pm b^3$$

$$a^3 \pm b^3 = (a \pm b)(a^2 \mp ab + b^2)$$

$$(a+b)^n = \binom{n}{0} a^n + \binom{n}{1} a^{(n-1)} b + \ldots \ldots \binom{n}{n-1} a b^{n-1} + \binom{n}{n} b^n$$

$$(a-b)^n = \binom{n}{0} a^n \cdot b^0 - \binom{n}{1} a^{(n-1)} \cdot b^1 + \ldots \ldots \binom{n}{n-1} a \cdot b^{n-1} - \binom{n}{n} b^n$$

(Plus und Minus wechselt sich ab)

Pascalsches Dreieck: $\qquad$ (Koeffizientenschema)

$$
\begin{array}{llccccccccccccc}
n = 0 & \longrightarrow & & & & & & & 1 & & & & & & \\
n = 1 & \longrightarrow & & & & & & 1 & & 1 & & & & & \\
n = 2 & \longrightarrow & & & & & 1 & & 2 & & 1 & & & & \\
n = 3 & \longrightarrow & & & & 1 & & 3 & & 3 & & 1 & & & \\
n = 4 & \longrightarrow & & & 1 & & 4 & & 6 & & 4 & & 1 & & \\
n = 5 & \longrightarrow & & 1 & & 5 & & 10 & & 10 & & 5 & & 1 & \\
n = 6 & \longrightarrow & 1 & & 6 & & 15 & & 20 & & 15 & & 6 & & 1 \\
\end{array}
$$

$$\binom{n}{k} = \binom{6}{0} \quad \binom{6}{1} \quad \binom{6}{2} \quad \binom{6}{3} \quad \binom{6}{4} \quad \binom{6}{5} \quad \binom{6}{6}$$

....

Zahlenbeiwerte der Summanden

für
$$(a+b)^n = \sum_{k=0}^{n} \binom{n}{k} \cdot a^{n-k} \cdot b^k$$

mit
$$\binom{n}{k} = \frac{n!}{k! \cdot (n-k)!}$$
(sprich n über k)

Die Fakultät:

$\mathbf{n! = 1 \cdot 2 \cdot 3 \cdot \ldots \ldots (n-1) \cdot n}$ $\quad$ (sprich n-Fakultät)

Es gilt: $\mathbf{0! = 1}$ und $\mathbf{1! = 1}$

Der Logarithmus:

$$\log_b(a) = x \qquad a\,;\,b \in \mathbb{R}_+^*$$

sprich: "Der Logarithmus aus **a** zur Basis **b** ist **x**"

a heißt Numerus (oder Argument) des Logarithmus
b heißt Basis des Logarithmus

Entlogarithmieren:

$$b^{\log_b(a)} = b^x \quad \Leftrightarrow \quad a = b^x$$

x ist also diejenige Zahl mit der ich **b** potenzieren muss, um **a** zu erhalten.

Logarithmieren:

$$\log_b\!\left(b^x\right) = \log_b(a) \quad \Leftrightarrow \quad x = \log_b(a)$$

Zusammenfassung: $\quad b^x = a \;\Leftrightarrow\; x = \log_b(a)$

Spezielle Logarithmen:

Zehnerlogarithmus: $\quad \log_{10}(a) = \lg(a) \qquad 10^x = a \Leftrightarrow x = \lg(a)$

Zweierlogarithmus: $\quad \log_2(a) = \text{lb}(a) \qquad 2^x = a \Leftrightarrow x = \text{lb}(a)$

Logarithmus Naturalis: $\quad \log_e(a) = \ln(a) \qquad e^x = a \Leftrightarrow x = \ln(a)$

e gleich Eulersche Zahl $(e \approx 2{,}71828\ldots\ldots)$

x als Basis: $\quad \log_x(a) = b \;\Leftrightarrow\; x^b = a \;\Leftrightarrow\; x = \sqrt[b]{a}$

Logarithmengesetze:

Produktregel:

$$\log_b(m \cdot n) = \log_b(m) + \log_b(n)$$

Quotientenregel:

$$\log_b\!\left(\frac{m}{n}\right) = \log_b(m) - \log_b(n)$$

Merke:

$$\log_b\!\left(\frac{1}{m}\right) = -\log_b(m)$$

Potenzregel:
$$\log_b\!\left(m^n\right) = n\cdot\log_b(m)$$

Basisregel:
$$\log_b(a) = \frac{\log_u(a)}{\log_u(b)} = \frac{\lg(a)}{\lg(b)} = \frac{\ln(a)}{\ln(b)}$$

Ein Logarithmus kann auf jede beliebige Basis umgeformt werden.

Argumentregel:
$$\log_b(a) = \frac{\log_b(c)}{\log_a(c)} = \frac{1}{\log_a(b)}$$

Basis a nach Basis e: $\quad a^x = e^{\ln(a)\cdot x} \qquad \left(e^x \,\hat{=}\, \exp(x)\right)$

Funktion und Umkehrfunktion:

Funktion: $\;f(x) = b^x\;$ Umkehrfunktion: $\;f^{-1}(x) = \log_b(x)$

Funktion: $\;f(x) = \log_x(b)\;$ Umkehrfunktion: $\;f^{-1}(x) = \sqrt[x]{b}$

Lineare Gleichungssysteme:

Zwei Gleichungen mit zwei Unbekannten:

(I) $\quad a_{11}x_1 + a_{12}x_2 = b_1$

(II) $\quad a_{21}x_1 + a_{22}x_2 = b_2$

> Gleichungen stets sortiert anschreiben!

Verfahren nach Kramer:

Hauptdeterminante:
$$D = \begin{vmatrix} a_{11} & a_{12} \\ a_{21} & a_{22} \end{vmatrix} = a_{11}\cdot a_{22} - a_{21}\cdot a_{12}$$

x_1-Determinante:
$$D_1 = \begin{vmatrix} b_1 & a_{12} \\ b_2 & a_{22} \end{vmatrix} = b_1\cdot a_{22} - b_2\cdot a_{12}$$

x_2-Determinante:
$$D_2 = \begin{vmatrix} a_{11} & b_1 \\ a_{21} & b_2 \end{vmatrix} = a_{11}\cdot b_2 - a_{21}\cdot b_1$$

Lösungen:
$$x_1 = \frac{D_1}{D} \quad ; \quad x_2 = \frac{D_2}{D}$$

Keine Lösung für Determinante $D = 0 \wedge D_1, D_2 \neq 0$

Unendlich viele Lösungen wenn $D = D_1 \wedge D_2 = 0$

Das Einsetzverfahren:

(I) $\quad x_1 = \dfrac{b_1 - a_{12} \cdot x_2}{a_{11}}$ $\qquad$ Gl. (I) nach x_1 umgestellt

(II) $\quad a_{21} x_1 + a_{22} x_2 = b_2$

(I) in (II) $\quad a_{21} \left(\dfrac{b_1 - a_{12} x_2}{a_{11}} \right) + a_{22} x_2 = b_2$ $\qquad$ Die Gl. nach x_2 umstellen und das Ergebnis in (I) einsetzen.

Das Gleichsetzungsverfahren:

(I) $\quad x_1 = \dfrac{b_1 - a_{12} \cdot x_2}{a_{11}}$ $\qquad$ Beide Gl. werden nach der selben Variablen umgestellt und dann gleichgesetzt.

(II) $\quad x_1 = \dfrac{b_2 - a_{22} \cdot x_2}{a_{21}}$

(I) = (II) $\quad \dfrac{b_1 - a_{12} \cdot x_2}{a_{11}} = \dfrac{b_2 - a_{22} \cdot x_2}{a_{21}} \quad \Rightarrow \quad x_2 = \dfrac{a_{11} b_2 - a_{21} b_1}{a_{11} a_{22} - a_{12} a_{21}}$

Nun x_2 in (I) oder (II) einsetzen $\Rightarrow x_1$

$$x_1 = \frac{a_{12} b_2 - a_{22} b_1}{a_{12} a_{21} - a_{11} a_{22}}$$

Das Additionsverfahren:

(I)	$a_{11}x_1 + a_{12}x_2 = b_1 \quad / \cdot a_{21}$
(II)	$a_{21}x_1 + a_{22}x_2 = b_2 \quad / \cdot a_{11}$

(I')	$a_{11}a_{21}x_1 + a_{12}a_{21}x_2 = a_{21}b_1$
(II')	$a_{11}a_{21}x_1 + a_{11}a_{22}x_2 = a_{11}b_2$

$$(I') - (II') \quad \left(a_{12}a_{21} - a_{11}a_{22}\right)x_2 = a_{21}b_1 - a_{11}b_2$$

$$x_2 = \frac{a_{21}b_1 - a_{11}b_2}{a_{12}a_{21} - a_{11}a_{22}} \quad ; \quad \boxed{x_2 = \frac{a_{11}b_2 - a_{21}b_1}{a_{11}a_{22} - a_{12}a_{21}}}$$

x_2 in (I) oder (II) einsetzen $\Rightarrow$

$$\boxed{x_1 = \frac{a_{12}b_2 - a_{22}b_1}{a_{12}a_{21} - a_{11}a_{22}}}$$

Drei Gleichungen mit drei Unbekannten:

Alle für ein 2×2 System beschriebenen Verfahren gelten analog für ein 3×3 System.

Dreireihige Determinante:

$$D = \begin{vmatrix} a_{11} & a_{12} & a_{13} \\ a_{21} & a_{22} & a_{23} \\ a_{31} & a_{32} & a_{33} \end{vmatrix}$$

Regel von Sarrus: (für eine dreireihige Determinante)

$$\longrightarrow \; (\cdot) + (\cdot) + (\cdot)$$

$$D = \begin{vmatrix} a_{11} & a_{12} & a_{13} \\ a_{21} & a_{22} & a_{23} \\ a_{31} & a_{32} & a_{33} \end{vmatrix} \begin{matrix} a_{11} & a_{12} \\ a_{21} & a_{22} \\ a_{31} & a_{32} \end{matrix}$$

$$-(\cdot) - (\cdot) - (\cdot)$$

$$\boxed{D = a_{11}\cdot a_{22}\cdot a_{33} + a_{12}\cdot a_{23}\cdot a_{31} + a_{13}\cdot a_{21}\cdot a_{32} - a_{31}\cdot a_{22}\cdot a_{13} - a_{32}\cdot a_{23}\cdot a_{11} - a_{33}\cdot a_{21}\cdot a_{12}}$$

Berechnung von n×n Gleichungssystemen:

Gauß, kurz: (Aufstellen der Koeffizientenmatrix)

$$\begin{pmatrix} x_1 & x_2 & x_3 & \dots & x_k & | & b \end{pmatrix}$$

$$\left(\begin{array}{ccccc|c} a_{11} & a_{12} & a_{13} & \dots & a_{1k} & b_1 \\ a_{21} & a_{22} & a_{23} & \dots & a_{2k} & b_2 \\ \vdots & \vdots & \vdots & \dots & \vdots & \vdots \\ a_{i1} & a_{i2} & a_{i3} & \dots & a_{ik} & b_i \end{array}\right)$$

Herstellen der oberen Dreiecksmatrix wie folgt:
Alle a_{21} bis a_{i1} gleich 0 setzen.
Den anderen Positionen werden nun jeweils die Determinante einer 2×2 Matrix wie folgt zugewiesen:

$$a_{22} := \begin{vmatrix} a_{11} & a_{12} \\ a_{21} & a_{22} \end{vmatrix} \; ; \; a_{23} := \begin{vmatrix} a_{11} & a_{13} \\ a_{21} & a_{23} \end{vmatrix} \; \dots \; a_{2k} := \begin{vmatrix} a_{11} & a_{1k} \\ a_{21} & a_{2k} \end{vmatrix} \; ; \; b_2 := \begin{vmatrix} a_{11} & b_1 \\ a_{21} & b_2 \end{vmatrix}$$

$$a_{i2} := \begin{vmatrix} a_{11} & a_{12} \\ a_{i1} & a_{i2} \end{vmatrix} \; ; \; a_{i3} := \begin{vmatrix} a_{11} & a_{13} \\ a_{i1} & a_{i3} \end{vmatrix} \; \dots \; a_{ik} := \begin{vmatrix} a_{11} & a_{1k} \\ a_{i1} & a_{ik} \end{vmatrix} \; ; \; b_i := \begin{vmatrix} a_{11} & b_1 \\ a_{i1} & b_i \end{vmatrix}$$

Erste reduzierte Matrix: (mit den neu zugewiesenen Werten)

$$\left(\begin{array}{ccccc|c} a_{11} & a_{12} & a_{13} & \dots & a_{1k} & b_1 \\ 0 & a_{22} & a_{23} & \dots & a_{2k} & b_2 \\ \vdots & \vdots & \vdots & \dots & \vdots & \vdots \\ 0 & a_{i2} & a_{i3} & \dots & a_{ik} & b_i \end{array}\right)$$

Jetzt die Werte a_{32} bis a_{i2} Null setzen und das Prozedere mit den verbleibenden (im Schritt zuvor neu zugewiesenen) Werten fortsetzen. Das Ganze wird so oft fortgesetzt, bis eine obere Dreiecksmatrix entstanden ist.

$$a_{33} := \begin{vmatrix} a_{22} & a_{23} \\ a_{32} & a_{33} \end{vmatrix} \; ; \; a_{23} := \begin{vmatrix} a_{22} & a_{23} \\ a_{32} & a_{23} \end{vmatrix} \; \dots \; a_{2k} := \begin{vmatrix} a_{11} & a_{13} \\ a_{21} & a_{2k} \end{vmatrix} \; ; \; b_2 := \begin{vmatrix} a_{11} & b_1 \\ a_{2k} & b_2 \end{vmatrix}$$

usw.

Quadratische Gleichungen: $\boxed{ax^2 + bx + c = 0}$

Lösungsformel:

$$x_{1/2} = \frac{-b \pm \sqrt{b^2 - 4 \cdot a \cdot c}}{2 \cdot a}$$

Diskriminante D:

$$D = b^2 - 4 \cdot a \cdot c \begin{cases} 2\,\text{Lsg.\,für}\,D > 0 \\ 1\,\text{Lsg.\,für}\,D = 0 \\ k\,.\,\text{Lsg.\,für}\,D < 0 \end{cases}$$

Die Diskriminante diskriminiert anhand ihres Wertes die Anzahl der Lösungen.

__speziell für a = 1:__ $\quad \boxed{x^2 + px + q = 0}$

Lsg: $\qquad \boxed{x_{1/2} = \dfrac{-p}{2} \pm \sqrt{\left(\dfrac{p}{2}\right)^2 - q}}$

Diskriminante D: $\quad \boxed{D = \left(\dfrac{p}{2}\right)^2 - q \begin{cases} 2\,\text{Lsg. für } D>0 \\ 1\,\text{Lsg. für } D=0 \\ k.\,\text{Lsg. für } D<0 \end{cases}}$

Satz von Vieta:

$\boxed{x_1 \cdot x_2 = q} \;\wedge\; \boxed{x_1 + x_2 = -p} \qquad N_1\left(x_1 \mid 0\right) \;;\; N_2\left(x_2 \mid 0\right)$

(zur Bestimmung der Nullstellen quadratischer Gleichungen)

Iterationsverfahren:

Hornerschema: (zur Bestimmung von Funktionswerten)

$$\boxed{f\left(x\right) = a_n x^n + a_{n-1} x^{n-1} \ldots\ldots + a_1 x + a_0}$$

a_n	a_{n-1}	a_{n-2}	...	a_1	a_0
x_0	$b_1 = x_0 \cdot a_n + a_{n-1}$	$b_2 = b_1 \cdot x_0 + a_{n-2}$	...	$b_i = b_{i-1} \cdot x_0 + a_1$	$f(x_0) = b_i \cdot x_0 + a_0$

Beispiel: $\quad f\left(x\right) = 2x^3 - 10x + 6x + 18 \qquad$ gew: $x_0 = 3$

2	-10	6	18
3	$2 \cdot 3 - 10 = -4$	$3 \cdot (-4) + 6 = -6$	$3 \cdot (-6) + 18 = 0$

Zur Berechnung der n-ten Wurzel aus a: $\sqrt[n]{a} = x_i$

$$x_i := \frac{1}{n} \cdot \left((n-1) \cdot x_i + \frac{a}{x_i^{n-1}} \right) \qquad \text{mit } n, i \in \mathbb{N}^* \;;\; a \in \mathbb{R}_+$$

Schleife so lange durchlaufen, bis die x-Werte in der gewünschten Anzahl von Nachkommastellen überein stimmen.

Regula falsi: (Sekantenverfahren)

$$x_i := x_0 - \frac{f(x_0) \cdot (x_0 - x_i)}{f(x_0) - f(x_i)}$$

Mit der Regula falsi werden nährungsweise Nullstellen von Funktionen ermittelt.

Vorteil: keine Ableitung nötig!

Punkte P_i und P_0 so wählen, dass die Vorzeichen von y_i und y_0 verschieden sind! Dann liegt zwischen x_i und x_0 eine Nullstelle!

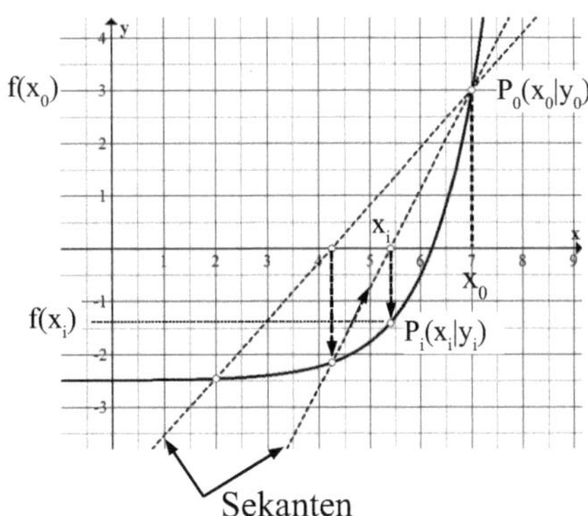

Newtonverfahren: (Tangentenverfahren)

$$x_i := x_i - \frac{f(x_i)}{f'(x_i)}$$

Die Tangente im Punkt P_i ergibt eine Nullstelle bei x_i, mit diesem Wert die Schleife neu durchlaufen, bis die ermittelten Werte in der gewünschten Anzahl an Nachkommastellen übereinstimmen. x_0 ist der Startwert

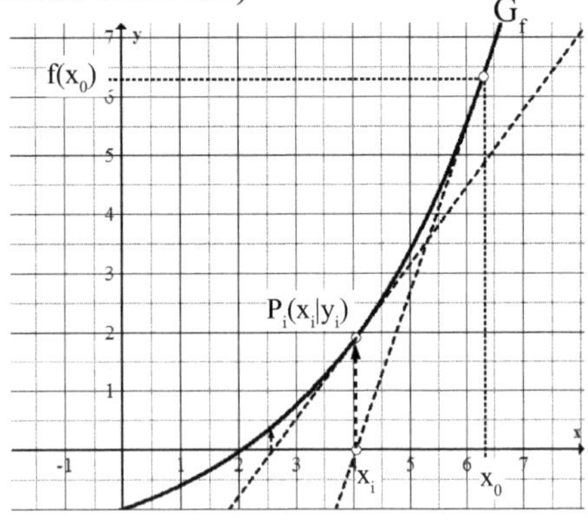

<u>Tipp zur TR-Eingabe:</u> Startwert eingeben (EXE), dann

$$\boxed{\; \text{ANS} - \frac{f(\text{ANS})}{f'(\text{ANS})} \;}$$

in den TR eingeben. Nach jedem RETURN (bzw. EXE) wird der neue x-Wert berechnet.

Bsp: $f(x) = x^3 + 2x - 1$; $f'(x) = 3x^2 + 2$; $x_1 = 0{,}5$ (Startwert)

$$\boxed{\; \text{ANS} - \frac{\text{ANS}^3 + 2 \cdot \text{ANS} - 1}{3 \cdot \text{ANS}^2 + 2} \;}$$

(einfach mal ausprobieren)

Folgen und Reihen:

Die arithmetische (Zahlen) Folge:

$$\boxed{\; \langle a_n \rangle = a_0 + a_1 + a_2 + \ldots\, a_n \;} \quad \text{mit } n \in \mathbb{N}$$

Differenz: $\quad \boxed{\; d = a_{n+1} - a_n \;}$ ist konst. ; $d \in \mathbb{R}$

Bildungsgesetz: $\boxed{\; a_n = a_1 + (n-1) \cdot d \;}$ (Beginnend mit a_1)

bzw. $\qquad\qquad \boxed{\; a_n = a_0 + n \cdot d \;}$ $\qquad$ (Beginnend mit a_0)

Die arithmetische (Zahlen) Reihe:

Die Summe: $\quad \boxed{\; s_n = \sum_{x=1}^{n} \langle a_x \rangle = \frac{n}{2} \cdot \left[2 \cdot a_1 + (n-1) \cdot d \right] \;}$

heißt arithmetische Reihe. (Anfangsglied = a_1)

Die Summe: $\quad \boxed{\; s_n = \sum_{x=0}^{n} \langle a_x \rangle = \frac{n+1}{2} \cdot \left[2 \cdot a_0 + n \cdot d \right] \;}$

heißt arithmetische Reihe. (Anfangsglied = a_0)

Die geometrische (Zahlen) Folge:

$$\left\langle g_n \right\rangle = \left(g_0 + \right) g_1 + g_2 + \dots g_n \qquad \text{mit } n \in \mathbb{N}$$

Quotient: $\quad q = \dfrac{g_{n+1}}{g_n} \quad$ ist konst. ; $g_n \neq 0$; $q \in \mathbb{R} \setminus \{0\}$

Bildungsgesetz: $\quad g_n = g_1 \cdot q^{n-1} \quad$ bzw. $\quad g_n = g_0 \cdot q^n$

(Beginnt mit g_1) $\qquad$ (Beginnt mit g_0)

Die geometrische (Zahlen) Reihe:

Die Summe $\qquad s_n = \displaystyle\sum_{x=1}^{n} \left\langle g_x \right\rangle = g_1 \cdot \dfrac{q^n - 1}{q - 1}$

heißt geometrische Reihe. (Anfangsglied $= g_1$)

Die Summe $\qquad s_n = \displaystyle\sum_{x=0}^{n} \left\langle g_x \right\rangle = g_0 \cdot \dfrac{q^{n+1} - 1}{q - 1}$

heißt geometrische Reihe. (Anfangsglied $= g_0$)

Monotonie einer (Zahlen) Folge:

Eine (Zahlen) Folge heißt *monoton zunehmend*, wenn gilt:

$z_{n+1} \geq z_n \quad$ für $n \in \mathbb{N}$

Eine (Zahlen) Folge heißt *echt monoton zunehmend*, wenn gilt:

$z_{n+1} > z_n \quad$ für $n \in \mathbb{N}$

Eine (Zahlen) Folge heißt *monoton abnehmend*, wenn gilt:

$z_{n+1} \leq z_n \quad$ für $n \in \mathbb{N}$

Eine (Zahlen) Folge heißt *echt monoton abnehmend*, wenn gilt:

$z_{n+1} < z_n \quad$ für $n \in \mathbb{N}$

Potenzsummen:

$$\sum_{x=1}^{n} k \cdot x^0 = n \cdot k$$

$$\sum_{x=1}^{n} x^1 = \frac{n(n+1)}{2} \quad ; \quad \sum_{x=1}^{n} x^2 = \frac{n(n+1)(2n+1)}{6}$$

$$\sum_{x=1}^{n} x^3 = \frac{n^2(n+1)^2}{4} \quad ; \quad \sum_{x=1}^{n} x^4 = \frac{n(6n^4 + 15n^3 + 10n^2 - 1)}{30}$$

Zins und Zinseszins:

$$Z = \frac{K_0 \cdot p \cdot t}{100 \cdot T} \quad ; \quad K_t = K_0 + Z$$

Z: ist Zins nach der Zeit t

K_0: gleich Anfangskapital

p: ist der Zinssatz in % (für 1 Jahr)

t: ist Dauer der Zinszahlung in Jahren, Monaten, Wochen oder Tagen

T: gleich Zinszeitraum
(1 für Jahr, 12 für Monate, 52 für Wochen, 360 für Tage)

K_t: Kapital nach t Zeiteinheiten

Kapital nach n Jahren:
(Zinseszinsformel)

$$K_n = K_0 \cdot q^n \qquad q = 1 \pm \frac{p}{100}$$

Ratentilgung für n Jahre:

$$R = \frac{K \cdot q^n \cdot (q-1)}{q^n - 1}$$

R: Höhe der zu zahlenden Rate

K: Geliehenes Kapital

q: Zinsfaktor als Dezimalzahl $\qquad q = 1 + \dfrac{p}{100}$

p: Zinssatz in %

% Prozent heißt von Hundert

Grundwert: GW $\triangleq$ 100%

Prozentwert: PW $\triangleq$ Prozentualer Anteil des GW (p% vom GW)

Prozentsatz: p% $\triangleq$ Anzahl der Anteile (Prozentzahl p)

Dezimalwert: $q = \dfrac{p}{100}$ $\triangleq$ der Dezimalzahl der Prozentzahl p

$$\boxed{PW = \frac{GW \cdot p}{100}} \quad \text{bzw.} \quad \boxed{PW = GW \cdot q}$$

$$\boxed{GW = \frac{PW \cdot 100}{p}} \quad \text{bzw.} \quad \boxed{GW = \frac{PW}{q}}$$

Erhöhter Grundwert:
$$\boxed{PW = GW \cdot \left(1 + \frac{p}{100}\right)}$$
$$\boxed{PW = GW \cdot (1 + q)}$$

Verminderter Grundwert:
$$\boxed{PW = GW \left(1 - \frac{p}{100}\right)}$$
$$\boxed{PW = GW \left(1 - q\right)}$$

Bsp: Berechne den um 15% erhöhten GW = 2500€

Lsg: $PW = 2500 \cdot \left(1 + \dfrac{15}{100}\right) = 2500 \cdot 1,15 = 2875\,€$

Kostenstruktur:

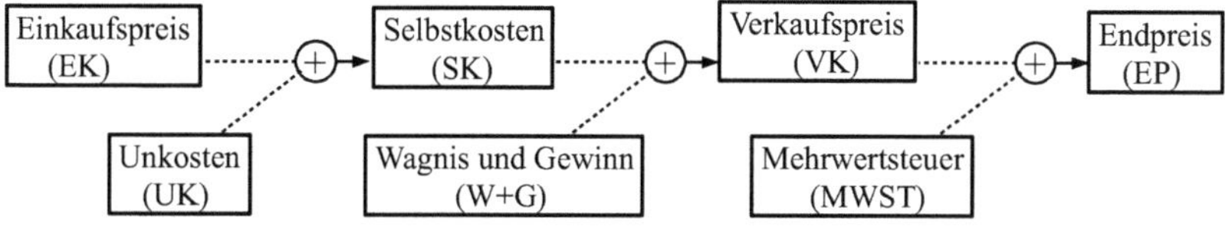

Analysis:

Koordinatensysteme:

Das kartesische Koordinatensystem:

Ein Koordinatensystem mit orthogonalen (aufeinander senkrecht stehenden) Achsen heißt "Kartesisches Koordinatensystem"

Kartesische Koordinaten: $P(p_x | p_y)$

Umwandeln in polar Koordinaten:

$$P\left(p_x | p_y\right) \rightarrow P\left(\sqrt{p_x^{\,2} + p_y^{\,2}}\ \middle|\ \arctan\left(\frac{p_y}{p_x}\right)\right)$$

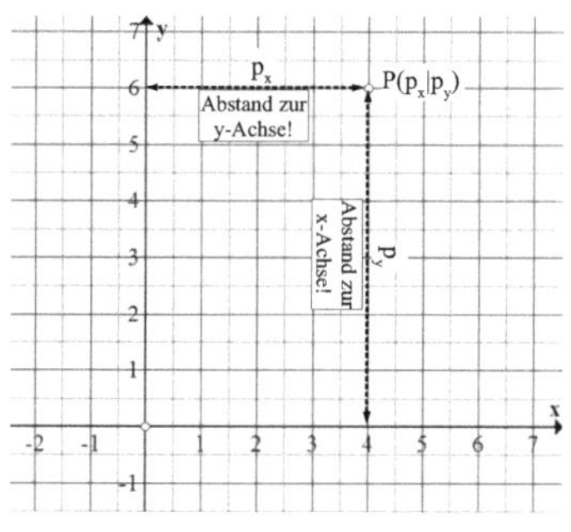

Das polare Koordinatensystem:

Ein Koordinatensystem, in dem Punkte in einem Polargitter (mit Winkelangabe) durch Angabe von Länge und Drehwinkel festgelegt sind, nennt man polares Koordinatensystem.

Der Mittelpunkt eines solchen Systems heißt Pol.

Polarkoordinaten: $P(r | \varphi)$

r ist die Radialkoordinate

φ ist die Winkelkoordinate (auch Polarwinkel)

Umwandeln in kartesische Koordinaten:

$$P\left(r | \varphi\right) \rightarrow P\left(r \cdot \cos(\varphi)\ \middle|\ r \cdot \sin(\varphi)\right)$$

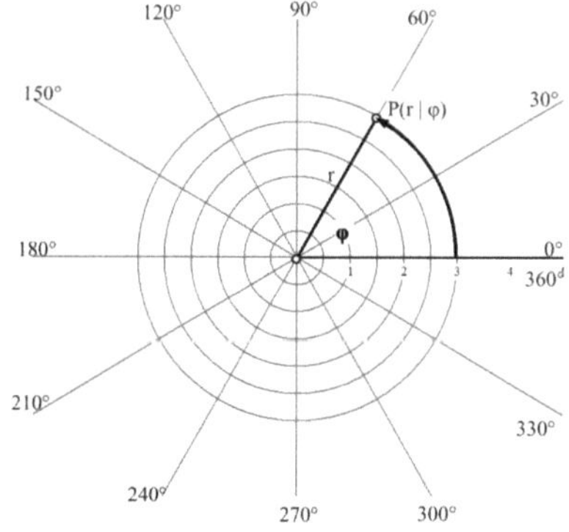

Das logarithmische Koordinatensystem:

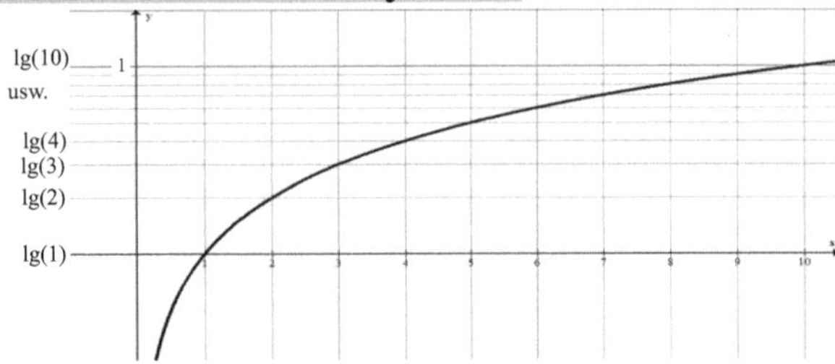

Die Relation: M_1 ; $M_2 \subseteq \mathbb{R}$ (echte Teilmenge von $\mathbb{R}$)

$$R = \left(M_1 \times M_2\right) = \left\{(x\,|\,y) \mid x \in M_1 \wedge y \in M_2\right\}$$

M_1 ; $M_2 \subseteq \mathbb{R}$ (echte Teilmenge von $\mathbb{R}$)

Die Funktion:

Eine Relation **R** heißt Funktion **f**, wenn jedem $x \in M_1$ genau ein $y \in M_2$ zugeordnet ist.

f: $x \mapsto y = f(x)$ (x wird abgebildet auf y)

x heißt dann *Variable* mit $x \in \mathbb{D}$ (Definitionsmenge)
y heißt dann *Abhängige* mit $y \in \mathbb{W}$ (Wertemenge)

<u>Nullstelle:</u> $f(x_i) = 0$; $N(x_i|0)$ (Schnittpunkt mit der x-Achse)

Stetigkeit und Differenzierbarkeit einer Fkt:

Eine Funktion ist **stetig** an einer Stelle x_0, wenn Funktionswert

$$f(x_0) = \lim_{x \to x_0} f(x)$$ gleich Grenzwert.

Bedeutet: Der y-Wert an einer Stelle x_0 ist eindeutig bestimmbar.

Eine Funktion ist **differenzierbar** an einer Stelle x_0, wenn der

$$f'(x_0) = \lim_{x \to x_0} f'(x)$$

Funktionswert der Ableitung gleich dem Grenzwert der Ableitung an dieser Stelle ist.

Bedeutet: Die Steigung an einer Stelle x_0 ist eindeutig bestimmbar.

Monotonie einer Funktion:

Gilt in einem Intervall J: $f(x+1) > f(x)$ bzw. $f'(x) > 0$

$\Rightarrow$ die Funktion f ist streng monoton steigend in J.

Gilt in einem Intervall J: $f(x+1) < f(x)$ bzw. $f'(x) < 0$

$\Rightarrow$ die Funktion f ist streng monoton fallend in J.

Funktionentransformation:

Eine gegebene Funktion **f: $x \mapsto$ f(x)** wird durch Transformation

in die Form $g(x) = a \cdot f\left(b(x - c)\right) + d$ gebracht.

Es bedeutet:

a $\to$ "streckt/staucht" die Funktion f in y-Richtung.
      Spiegelt f an der x-Achse bei Vorzeichenwechsel von a.

b $\to$ "streckt/staucht" die Funktion f in x-Richtung.
      Spiegelt f an der y-Achse bei Vorzeichenwechsel von b.

c $\to$ Verschiebt f nach rechts für $c > 0$
      Verschiebt f nach links für $c < 0$

d $\to$ Verschiebt f nach "oben" für $d > 0$
      Verschiebt f nach "unten" für $d < 0$

Verschiebung einer Funktion heißt auch *Translation.*
Strecken bzw. Stauchen einer Funktion heißt auch *Skalierung*.

<u>Beispiel:</u> Verschieben Sie die Funktion $f : x \mapsto 2x^2 - 4$ um 3 Einheiten nach links sowie um 6 Einheiten nach oben und strecken Sie f um den Wert 0,25 in y-Richtung.

Geben Sie die entstehende Funktion g(x) an.

<u>Lösung:</u>

$$g(x) = 0,25 \cdot f\left(x - (-3)\right) + 6 = 0,25 \cdot f(x+3) + 6$$

$$g(x) = 0,25 \cdot \left[2 \cdot (x+3)^2 - 4\right] + 6 = 0,5 \cdot (x+3)^2 - 1 + 6$$

$$g(x) = 0,5 \cdot (x^2 + 6x + 9) + 5 = 0,5x^2 + 3x + 4,5 + 5$$

$$\boxed{g(x) = 0,5x^2 + 3x + 9,5}$$

Die Betragsfunktion: $\boxed{f(x) = |g(x)|}$

➤ liefert nur Funktionswerte, die ≥ 0 sind.

Betragsfreie Schreibweise:

$$f(x) = \begin{cases} g(x) & \text{für } g(x) \geq 0 \\ -g(x) & \text{für } g(x) < 0 \end{cases}$$

Bsp: $f(x) = \left|0,5x^2 - 5\right|$

$$f(x) = \begin{cases} 0,5x^2 - 5 & -\infty < x \leq -\sqrt{10} \\ -(0,5x^2 - 5) & -\sqrt{10} < x < \sqrt{10} \\ 0,5x^2 - 5 & \sqrt{10} \leq x < \infty \end{cases}$$

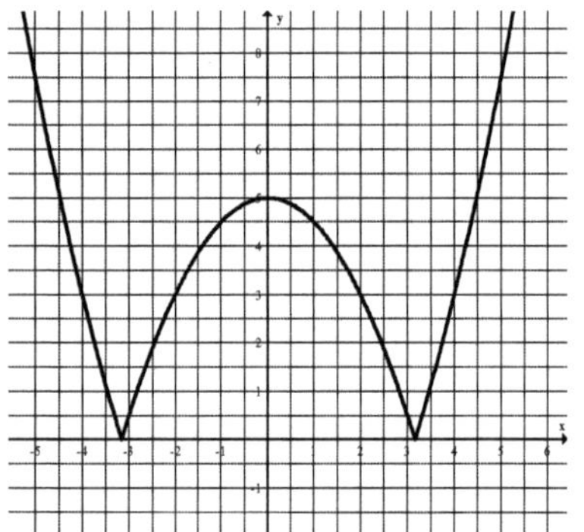

Die Signum-Funktion: (Vorzeichenfunktion)

$$\text{sgn}(f(x)) = \begin{cases} -1 & \text{für } f(x) < 0 \\ 0 & \text{für } f(x) = 0 \\ 1 & \text{für } f(x) > 0 \end{cases}$$

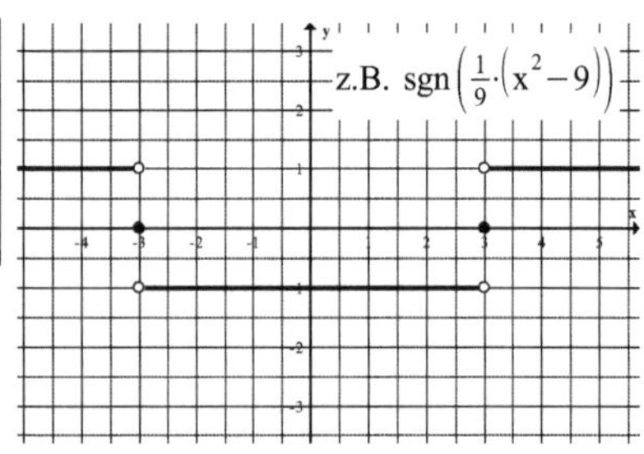

Über die Signum-Funktion wird das Vorzeichen gesteuert.

Bsp.: $f(x) = \text{sgn}\left[(x^2 - 2)\right] \cdot \left(0,5\,x^2 + x - 5\right)$

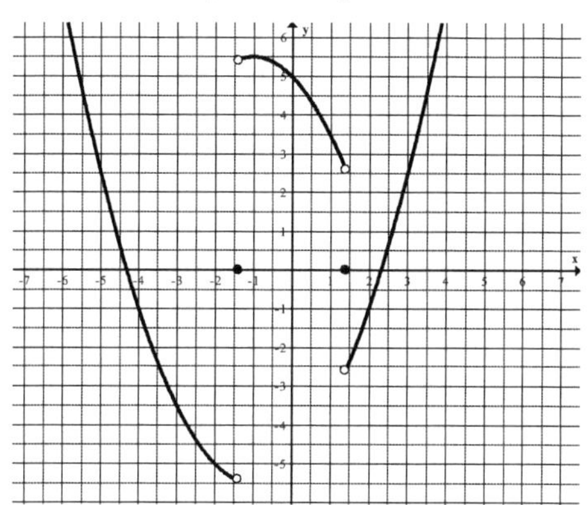

Die lineare Funktion (Gerade):

Normalform: $\quad \boxed{y = m \cdot x + t} \quad \boxed{m = \dfrac{\Delta y}{\Delta x} = \dfrac{y_2 - y_1}{x_2 - x_1}} \quad \boxed{\tan(\varphi) = m}$

Punkt-Steigungs-Form: $\quad \boxed{y = m \cdot \left(x - x_P\right) + y_P}$

Zwei-Punkte-Form: $\quad \boxed{\dfrac{y - y_1}{x - x_1} = \dfrac{y_2 - y_1}{x_2 - x_1}}$

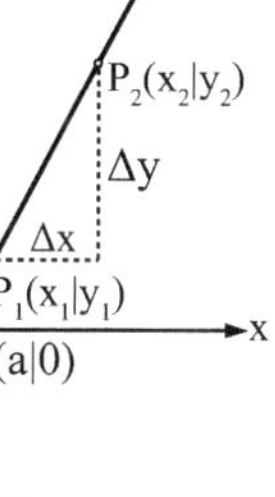

Achsen-Abschnittsform:

$\boxed{\dfrac{x}{a} + \dfrac{y}{t} = 1} \; ; \; \boxed{m = \dfrac{-t}{a}}$

Vektorform: $\quad \boxed{ax + by + c = 0}$

mit $a,b,c \in \mathbb{R}$

Merke: $\quad m_1 = m_2 \quad \Rightarrow \quad g_1 \parallel g_2$ (oder identisch für $t_1 = t_2$)

$\quad \boxed{m_1 \cdot m_2 = -1} \Rightarrow g_1 \perp g_2$

<u>**Abstand eines Punktes A zu g:**</u>

$$d = \left| \frac{m \cdot x_A - y_A + t}{\sqrt{m^2 + 1}} \right|$$

<u>**Schnittwinkel zweier Geraden:**</u>

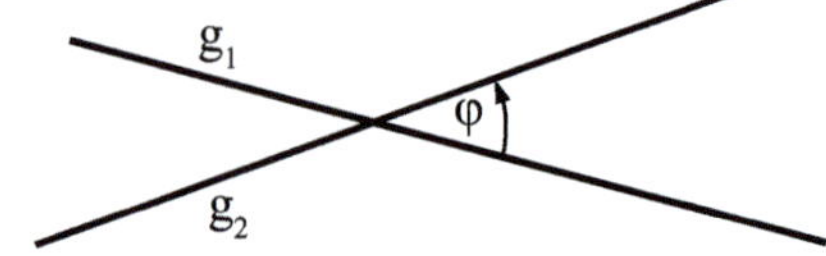

$$\tan(\varphi) = \left| \frac{m_1 - m_2}{1 + m_1 \cdot m_2} \right|$$

$$\varphi = 90° \quad \text{für} \quad m_1 \cdot m_2 = -1$$

<u>**Die quadratische Funktion (Parabel):**</u>

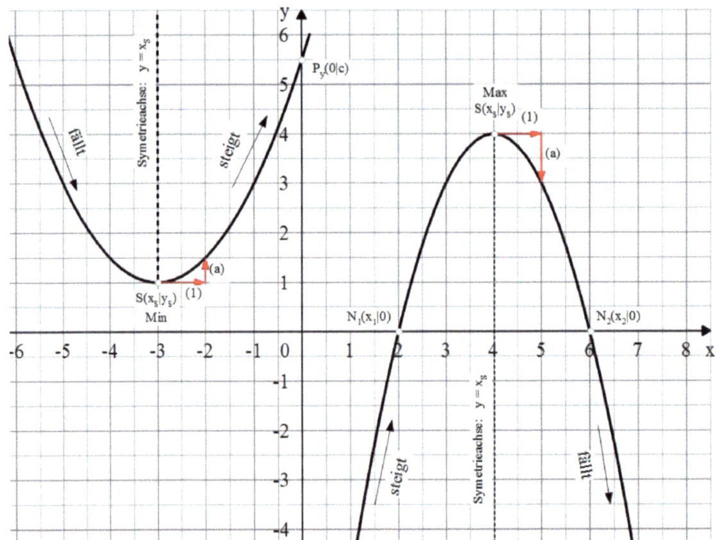

Allgemeine Form: $\boxed{f(x) = y = ax^2 + bx + c}$

Scheitelpunktsform: $\boxed{y = a(x - x_s)^2 + y_s}$ $S(x_s | y_s)$

Produktform: $\boxed{y = a(x - x_1)(x - x_2)}$

Ist "a" > 0 , dann ist die Parabel nach **oben** geöffnet.
Ist "a" < 0 , dann ist die Parabel nach **unten** geöffnet.

Alle quadratischen Parabeln mit dem Öffnungsparameter
$\boxed{a = \pm 1}$ heißen *Normalparabel*!

Eine nach *oben* geöffnete *Normalparabel* hat den Öffnungswert
$a = +1$

Eine nach *unten* geöffnete *Normalparabel* hat den Öffnungswert
$a = -1$

Erklärung der Größen:

a: Öffnungsparameter, gibt an ob die Parabel nach oben oder nach unten geöffnet ist, ob eng oder weit.

b: Verschiebeparameter in x und in y-Richtung

c: y-Achsen-Abschnitt. Verschiebeparameter in y-Richtung.
Jede Parabel geht durch den Punkt $P_y(0 \mid c)$!

x_S: Abszisse der Scheitelpunktskoordinate (Rechtswert, x-Koordinate)

y_S: Ordinate der Scheitelpunktskoordinate (Hochwert, y-Koordinate)

  $S(x_S \mid y_S)$ Scheitelpunkt ($y_S \triangleq$ Extremwert)

Scheitelpunktskoordinaten aus der allgemeinen Form berechnen:

$$\boxed{x_s = \frac{-b}{2a}} \quad ; \quad \boxed{y_s = c - \frac{b^2}{4a}}$$

<u>Bsp:</u> Berechnen Sie die Scheitelkoordinaten: $y = 2x^2 - 16x + 37$

<u>Lsg:</u> $x_s = \dfrac{(-1)(-16)}{2 \cdot 2} = 4$; $y_s = 37 - \dfrac{(-16)^2}{4 \cdot 2} = 5 \;\Rightarrow\; S(4 \mid 5)$

$$x_{1/2} = \frac{-b \pm \sqrt{b^2 - 4 \cdot a \cdot c}}{2 \cdot a} \qquad \text{mit } a \neq 0$$

<u>Diskriminante:</u> $\qquad \boxed{D = b^2 - 4\,ac}$

Die Diskriminante diskriminiert anhand ihres Wertes die Anzahl der Lösungen. (s. quadratische Gl.)

<u>Scheitelkoordinaten aus x_1 und x_2:</u> $\quad S\left(\overset{x_s}{\frac{x_1 + x_2}{2}} \;\middle|\; \overset{y_s}{f\left(\frac{x_1 + x_2}{2}\right)} \right)$

(x_1, x_2 gleich x-Koordinaten der Nullstellen)

<u>**Geometrische Deutung der Parabel:**</u>

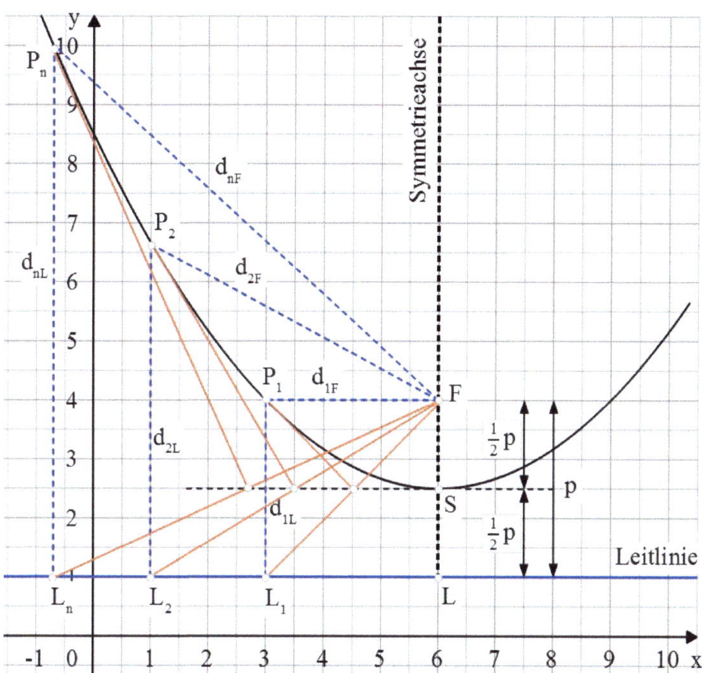

<u>Scheitelpunkt S:</u> $\boxed{S\left(x_S \mid y_S\right)}$

<u>Brennpunkt F:</u> $\boxed{F\left(x_S \mid y_S + \frac{1}{2}p\right)}$

<u>Gleichung der Leitlinie:</u> $\boxed{g_L: \quad y = y_S - \frac{1}{2}p}$

<u>Glcichung der Parabcl:</u> $\boxed{y = \frac{1}{2p}\cdot\left(x - x_S\right)^2 + y_S}$

<u>Parameter p:</u> $\boxed{p = \frac{1}{2a}}$

wobei "a" gleich Öffnungsparameter der quadratischen Parabel.

Es gilt: $\boxed{\overline{LP} = \overline{PF}}$

Die Menge aller Punkte mit der Eigenschaft $\overline{LP} = \overline{PF}$ heißt Parabel.
Die Gerade g_L heißt *Leitlinie* und der Punkt F heißt *Brennpunkt* der Parabel.
Die Konstruktion von Kurvenpunkten geschieht über gleichschenklige Dreiecke ΔLFP
Linie von F nach $L_n \rightarrow$ Parallele Linie d_L zur y-Achse durch den Punkt L_n ziehen $\rightarrow$ Seitenhalbierende zu $[FL_n]$ konstruieren $\rightarrow$ Schnittpunkt mit d_L ergibt einen Parabelpunkt P.

Die Exponentialfunktion: $\boxed{f(x) = y = k \cdot a^{b(x-c)} + d}$

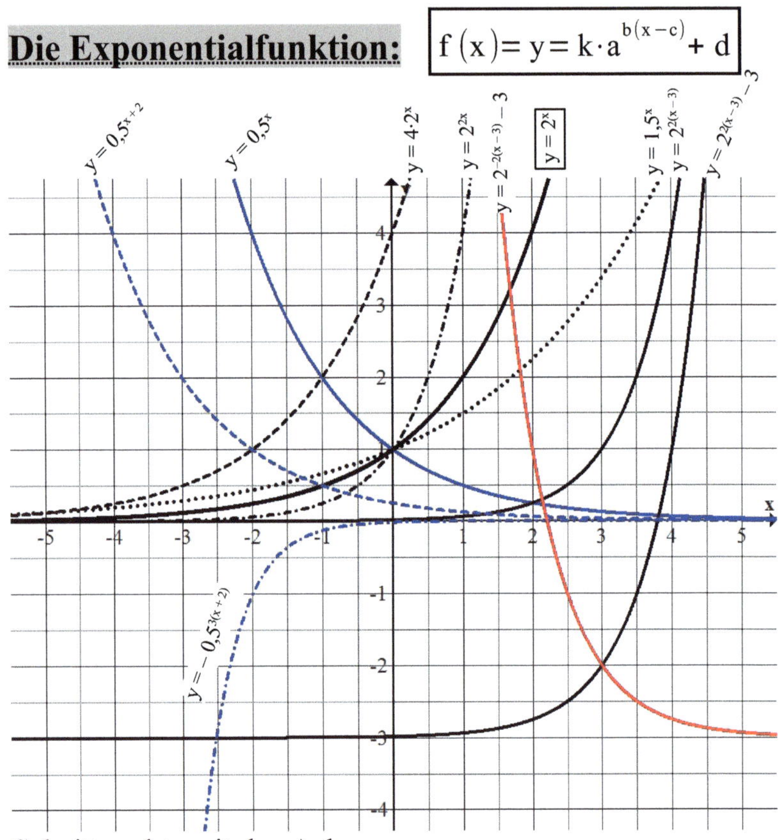

Schnittpunkte mit den Achsen:

$$x = 0 \;\Rightarrow\; \boxed{P_y\left(0 \,\middle|\, k \cdot a^{-bc} + d\right)}$$

$$y = 0 \;\Rightarrow\; \text{Nst:}\; \boxed{N\left(\frac{1}{b} \cdot \log_a\left(\frac{-d}{k}\right) + c \,\middle|\, 0\right)}\; \text{für } \frac{-d}{k} > 0 \;;\; b, k \neq 0$$

Bestimmen von k und a aus Tabelle: $\boxed{y = k \cdot a^x}$

> k gleich y an der Stelle x = 0

> q gleich $\boxed{\dfrac{y_{n+1}}{y_n}}$ (Basis)

Bsp.:

x	0	1	2	...
y	4	$\dfrac{4}{3}$	$\dfrac{4}{9}$	

$$\Rightarrow k = 4 \; ; \quad q = \frac{4}{3} \div 4 = \frac{1}{3} \quad \Rightarrow \boxed{y = 4 \cdot \left(\frac{1}{3}\right)^x}$$

Schreibweise mit e als Basis: $\boxed{y = k \cdot e^{\ln(a) \cdot b \cdot (x-c)} + d}$

Exponentialfunktion periodischer Vorgänge:

$$\boxed{N_t = N_0 \cdot q^{\frac{t}{T}}}$$

N_t: noch vorhandene Menge nach der Zeit t
N_0: Menge zum Zeitpunkt t = 0
q: konstanter Zuwachs- Verlust pro Periodenlänge
T: Periodenlänge (allg. Wiederholungszeitraum)

Radioaktiver Zerfall: $\boxed{N(t) = N_0 \cdot \left(\frac{1}{2}\right)^{\frac{t}{T}}}$

alternativ: $\boxed{N(t) = N_0 \cdot e^{-\lambda t}}$ mit $\boxed{\lambda = \ln(2) \cdot \frac{1}{T}}$

T: Halbwertszeit

t: Dauer (in h, min, s etc.)

N_0: Anzahl der unzerfallenen Atome zur Zeit t = 0

λ: Zerfallskonstante (je größer, desto schneller der Zerfall)

<u>**Die allgemeine Logarithmusfunktion:**</u>

$$y = a \cdot \log_n \big(b(x-c) \big) + d \qquad \text{für } b(x-c) > 0 \text{ und } (a,b \in \mathbb{R}^*)$$

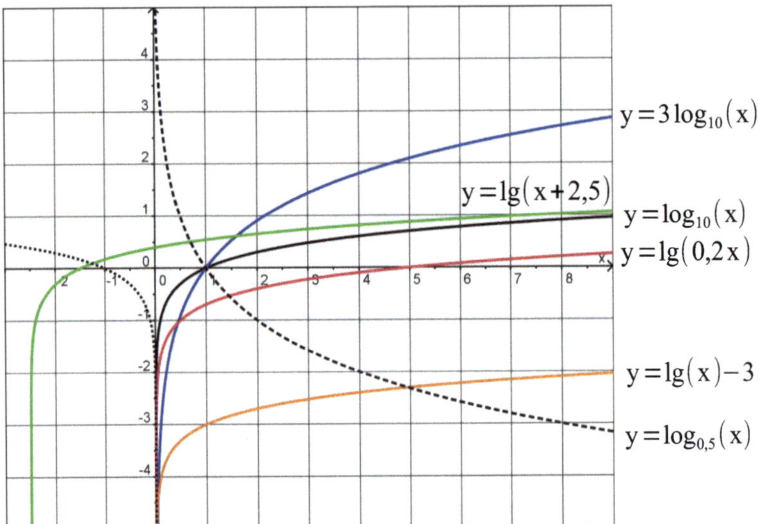

$$n > 1 \qquad \Rightarrow \quad \text{Graph steigt streng monoton} \qquad (n \in \mathbb{Q}^*_+)$$
$$0 < n < 1 \quad \Rightarrow \quad \text{Graph fällt streng monoton}$$

Nullstelle: $\quad N\left(\dfrac{1}{b} \cdot n^{\frac{-d}{a}} - \dfrac{c}{b} \ \bigg| \ 0 \right) \qquad$ für $a, b \neq 0$

<u>**Die allgemeine Sinusfunktion:**</u>

$$y = a \cdot \sin\big[b(x-c) \big] + d$$

Definitionsmenge: $\quad \mathbb{D} = \{x \mid -\infty < x < +\infty\}$

Wertemenge: $\qquad\quad \mathbb{W} = \{-a + d \leqq y \leqq a + d\}$

Amplitude: $\qquad\qquad A = |a| \quad ; \quad a \in \mathbb{R}^*$

Periode: $\qquad\qquad\quad p = \dfrac{2\pi}{|b|} \quad ; \quad b \in \mathbb{R}^*$

<u>Verschiebung:</u> nach rechts für $c > 0$; nach links für $c < 0$; $c \in \mathbb{R}$
$\qquad\qquad\qquad$ nach oben für $d > 0$; nach unten für $d < 0$; $d \in \mathbb{R}$

Erste Nullstelle: $\quad x_1 = \dfrac{1}{b}\cdot \sin^{-1}\left(-\dfrac{d}{a}\right) + c$

relative Maxima: $\quad x_n = \dfrac{\pi}{2\,b} + c + (n-1)\,p$

relative Minima: $\quad x_n = \dfrac{3\pi}{2\,b} + c + (n-1)\,p \qquad (n\in\mathbb{Z})$

<u>Graph der Sinusfunktion:</u>

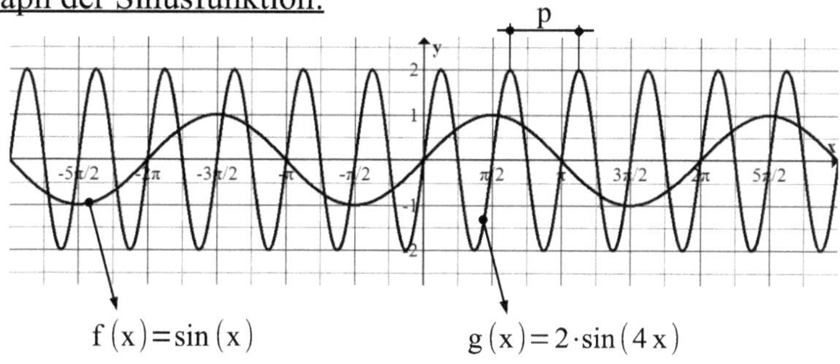

$$f(x) = \sin(x) \qquad\qquad g(x) = 2\cdot\sin(4x)$$

Die allgemeine Kosinusfunktion:

$$y = a\cdot\cos\big[b(x-c)\big] + d$$

Definitionsmenge: $\quad \mathbb{D} = \{x \mid -\infty < x < +\infty\}$

Wertemenge: $\quad \mathbb{W} = \{-a + d \le y \le a + d\}$

Amplitude: $\quad A = |a| \quad ; \quad a\in\mathbb{R}^{*}$

Periode: $\quad p = \dfrac{2\pi}{|b|} \quad ; \quad b\in\mathbb{R}^{*}$

<u>Verschiebung:</u> nach rechts für $c > 0$; nach links für $c < 0$; $c\in\mathbb{R}$

nach oben für $d > 0$; nach unten für $d < 0$; $d\in\mathbb{R}$

Erste Nullstelle: $\quad x_1 = \dfrac{1}{b}\cdot \cos^{-1}\left(-\dfrac{d}{a}\right) + c$

relative Maxima: $\quad x_n = c + (n-1)\,p$

relative Minima: $\quad \boxed{x_n = \dfrac{\pi}{b} + c + (n-1)\,p}$

Graph der Kosinusfunktion:

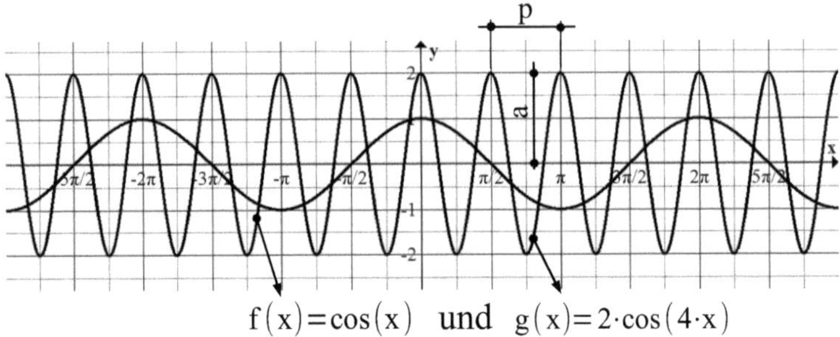

$$f(x) = \cos(x) \quad \text{und} \quad g(x) = 2 \cdot \cos(4 \cdot x)$$

Die allgemeine Tangensfunktion:

$$\boxed{y = a \cdot \tan\left[b(x - \bar{c})\right] + d} \quad \text{mit} \quad \boxed{\tan(x) = \frac{\sin(x)}{\cos(x)}}$$

Definitionsmenge: $\quad \mathbb{D} = \{x \mid -\infty < x < +\infty\}$

Wertemenge: $\quad \mathbb{W} = \{-a + d \leqq y \leqq a + d\}$

Amplitude: $\quad A = |a| \quad ; \quad a \in \mathbb{R}^*$

Periode: $\quad p = \dfrac{2\pi}{|b|} \quad ; \quad b \in \mathbb{R}^*$

Verschiebung: nach rechts für $c > 0$; nach links für $c < 0$; $c \in \mathbb{R}$

$\qquad\qquad\qquad$ nach oben für $d > 0$; nach unten für $d < 0$; $d \in \mathbb{R}$

Erste Nullstelle: $\quad \boxed{x_1 = \dfrac{1}{b} \cdot \arcsin\left(-\dfrac{d}{a}\right) + \bar{c}}$

$\boxed{\begin{array}{l}\text{arcsin} = \text{Arcus Sinus.}\\ \text{Ist die Umkehrfunktion}\\ \text{des Sinus. TR: } \sin^{-1}\end{array}}$

<u>Graph der Tangensfunktion:</u>

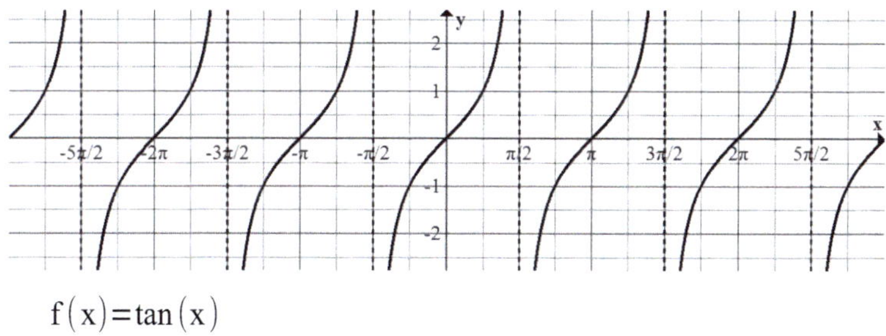

$$f(x) = \tan(x)$$

Trigonometrie am Einheitskreis:

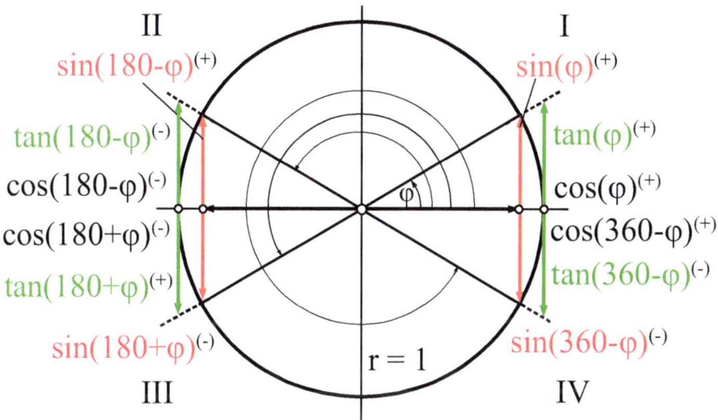

Einige Werte für bestimmte Winkel:

$\varphi°$	0°	30°	45°	60°	90°	180°	270°	360°
φ^b	0π	$\frac{1}{6}\pi$	$\frac{1}{4}\pi$	$\frac{1}{3}\pi$	$\frac{1}{2}\pi$	π	$\frac{3}{2}\pi$	2π
$\sin(\varphi)$	0	$\frac{1}{2}$	$\frac{1}{2}\sqrt{2}$	$\frac{1}{2}\sqrt{3}$	1	0	-1	0
$\cos(\varphi)$	1	$\frac{1}{2}\sqrt{3}$	$\frac{1}{2}\sqrt{2}$	$\frac{1}{2}$	0	-1	0	1
$\tan(\varphi)$	0	$\frac{1}{3}\sqrt{3}$	1	$\sqrt{3}$	n.d.	0	n.d.	0

$$\sin(\varphi) = \sin(180\,°-\varphi) \quad ; \quad \sin(180\,°+\varphi) = \sin(360\,°-\varphi)$$

$$\cos(\varphi) = \cos(360\,°-\varphi) \quad ; \quad \cos(180-\varphi) = \cos(180\,°+\varphi)$$

$$\tan(\varphi) = \tan(180\,°+\varphi) \quad ; \quad \tan(180\,°-\varphi) = \tan(360\,°-\varphi)$$

Funktionswerte für negative Winkel:

$$\sin(-\varphi) = -\sin(\varphi) \qquad \cos(-\varphi) = \cos(\varphi) \qquad \tan(-\varphi) = -\tan(\varphi)$$

Trigonometrischer Pythagoras:

$$\sin^2(\varphi) + \cos^2(\varphi) = 1 \qquad\qquad \left(\sin^2(\varphi) \equiv (\sin(\varphi))^2\right)$$

Zusammenhang zwischen Sinus und Kosinus:

$$\sin(\varphi) = \cos(90\,°-\varphi) \qquad\qquad \cos(\varphi) = \sin(90\,°-\varphi)$$

Additionstheoreme:

$$\sin(\varphi+\varepsilon) = \sin(\varphi)\cdot\cos(\varepsilon) + \cos(\varphi)\cdot\sin(\varepsilon)$$

$$\sin(\varphi-\varepsilon) = \sin(\varphi)\cdot\cos(\varepsilon) - \cos(\varphi)\cdot\sin(\varepsilon)$$

$$\cos(\varphi+\varepsilon) = \cos(\varphi)\cdot\cos(\varepsilon) - \sin(\varphi)\cdot\sin(\varepsilon)$$

$$\cos(\varphi-\varepsilon) = \cos(\varphi)\cdot\cos(\varepsilon) + \sin(\varphi)\cdot\sin(\varepsilon)$$

$$\tan(\varphi+\varepsilon) = \frac{\tan(\varphi)+\tan(\varepsilon)}{1-\tan(\varphi)\cdot\tan(\varepsilon)} \qquad ; \qquad \tan(\varphi) = \frac{\sin(\varphi)}{\cos(\varphi)}$$

$$\tan(\varphi-\varepsilon) = \frac{\tan(\varphi)-\tan(\varepsilon)}{1+\tan(\varphi)\cdot\tan(\varepsilon)}$$

Funktionen des doppelten Winkels:

$$\sin(2\varphi) = 2\cdot\sin(\varphi)\cdot\cos(\varphi) \quad ; \quad \cos(2\varphi) = \cos^2(\varphi) - \sin^2(\varphi)$$

$$\tan(2\varphi) = \frac{2\cdot\tan(\varphi)}{1-\tan^2(\varphi)}$$

Funktionen des halben Winkels:

$$\sin\left(\tfrac{1}{2}\varphi\right) = \sqrt{\tfrac{1}{2}\left(1-\cos(\varphi)\right)} \quad ; \quad \cos\left(\tfrac{1}{2}\varphi\right) = \sqrt{\tfrac{1}{2}\left(1+\cos(\varphi)\right)}$$

$$\tan\left(\tfrac{1}{2}\varphi\right) = \frac{1-\cos(\varphi)}{1+\cos(\varphi)}$$

Umwandlung von Produkten:

$$2\cdot\sin(\varphi)\cdot\sin(\varepsilon) = \cos(\varphi-\varepsilon) - \cos(\varphi+\varepsilon)$$

$$2\cdot\cos(\varphi)\cdot\cos(\varepsilon) = \cos(\varphi-\varepsilon) + \cos(\varphi+\varepsilon)$$

$$2\cdot\sin(\varphi)\cdot\cos(\varepsilon) = \sin(\varphi-\varepsilon) + \sin(\varphi+\varepsilon)$$

Die Umkehrfunktion:

- Eine Funktion die **keine** Extrema besitzt ist umkehrbar.
- Eine Funktion **f** ist in einem Intervall gleicher Monotonie stets umkehrbar.
- Ein Intervall zwischen zwei Extremwerten ist stets umkehrbar.
- Eine Funktion ist umkehrbar, wenn gilt:

$$\mathbb{D} = \mathbb{W}^{-1} \quad \text{und} \quad \mathbb{W} = \mathbb{D}^{-1}$$

Eine Umkehrfunktion $\mathbf{f}^{-1}$ erhält man, indem man die Funktion **f** an der Geraden $y = x$ spiegelt.

Um rechnerisch die Umkehrfunktion $\mathbf{f^{-1}}$ zu erhalten, wird in der Funktionsgleichung $y = f(x)$; x und y vertauscht und die so entstandene Funktion $x = f(y)$ nach y aufgelöst.

Es gilt: $\boxed{f'(x) \cdot f'^{-1}(f(x)) = 1}$; $\boxed{f'(x) \cdot \left(f'^{-1}(x) \circ f(x)\right) = 1}$

Ableitung der Umkehrfunktion:

$$\boxed{f'^{-1}(x) = \frac{1}{f'\left(f^{-1}(x)\right)} = \frac{1}{f'(x) \circ f^{-1}(x)}}$$

Bsp.: Berechnen Sie die Ableitung der Umkehrfunktion von
$$f(x) = (x-2)^3$$

Lsg.: $x = (y-2)^3 \quad \Rightarrow \quad \sqrt[3]{x} = y-2 \quad \Rightarrow \quad \underline{f^{-1}(x) = \sqrt[3]{x} + 2}$

$$\underline{f'(x) = 3(x-2)^2}$$

$$f'(x) \circ f^{-1}(x) = 3(x-2)^2 \circ \left(\sqrt[3]{x} + 2\right) = 3 \cdot \sqrt[3]{x^2}$$

$$\boxed{f'^{-1}(x) = \frac{1}{3 \cdot \sqrt[3]{x^2}}}$$

Differenzieren (Ableiten):

Differenzieren heißt "Bestimmen von Steigung"

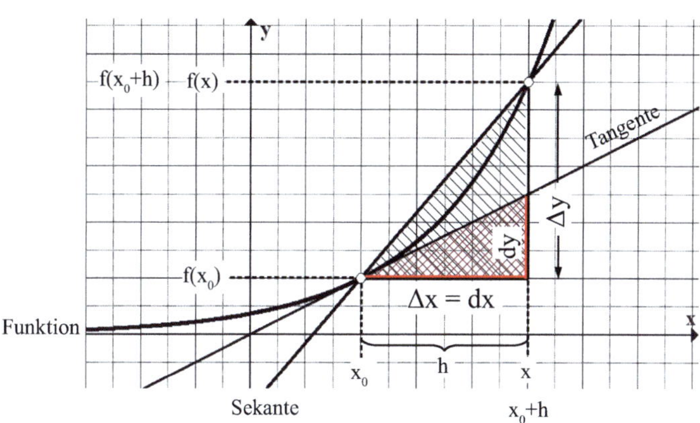

Differenzenquotient:
(Steigung der Sekante)

$$m_S = \frac{\Delta y}{\Delta x} = \frac{f(x) - f(x_0)}{x - x_0}$$

h-Methode:

$$m_S = \frac{\Delta y}{\Delta x} = \frac{f(x_0 + h) - f(x_0)}{h}$$

Differentialquotient:
(Steigung der Tangente)

$$m_T = \frac{dy}{dx} = \lim_{\substack{x \to x_0 \\ h \to 0}} (m_s) = f'(x_0)$$

Differential:

$$dy = f'(x) \cdot dx$$

Tangentengleichung in $P(x_P | y_P) \in f(x)$:

$$g_T:\ y = f'(x_P) \cdot (x - x_P) + f(x_P)$$

Normalengleichung in $P(x_P | y_P) \in f(x)$:

$$g_N:\ y = \frac{-1}{f'(x_P)} \cdot (x - x_P) + f(x_P)$$

Ableitung einiger Grundfunktionen:

$f(x) = k$	$f'(x) = 0$
$f(x) = k \cdot x^n$	$f'(x) = k \cdot n \cdot x^{n-1}$
$f(x) = (ax \pm b)^n$	$f'(x) = a \cdot n \cdot (ax \pm b)^{n-1}$
$f(x) = k \cdot a^x$	$f'(x) = k \cdot \ln(a) \cdot a^x$
$f(x) = k \cdot e^x$	$f'(x) = k \cdot e^x$
$f(x) = \log_a(x)$	$f'(x) = \dfrac{1}{x \cdot \ln(a)}$
$f(x) = \log_x(a)$	$f'(x) = -\dfrac{1}{x \cdot \ln(a) \cdot \log_a(x)}$
$f(x) = \ln(x)$	$f'(x) = \dfrac{1}{x}$
$f(x) = \sin(x)$	$f'(x) = \cos(x)$
$f(x) = \cos(x)$	$f'(x) = -\sin(x)$
$f(x) = \tan(x)$	$f'(x) = \dfrac{1}{\cos^2(x)}$
$f(x) = \arcsin(x)$ (TR: $\sin^{-1}$)	$f'(x) = \dfrac{1}{\sqrt{1-x^2}}$
$f(x) = \arccos(x)$ (TR: $\cos^{-1}$)	$f'(x) = -\dfrac{1}{\sqrt{1-x^2}}$
$f(x) = \arctan(x)$ (TR: $\tan^{-1}$)	$f'(x) = \dfrac{1}{1+x^2}$

(arc: Arcus heißt Bogen) ; $\arcsin(x) \triangleq \sin^{-1}(x)$ auf dem TR.
Arcus Sinus ist also die Umkehrfunktion des Sinus.

Ableitungsregeln:

Summenregel: $\qquad f(x)=g(x)\pm h(x)$

$$f'(x)=g'(x)\pm h'(x)$$

Produktregel: $\qquad f(x)=g(x)\cdot h(x)$

$$f'(x)=g'(x)\cdot h(x)+g(x)\cdot h'(x)$$

(für drei Faktoren) $\quad (u\cdot v\cdot w)'=u'\cdot v\cdot w+u\cdot v'\cdot w+u\cdot v\cdot w'$

Quotientenregel: $\quad f(x)=\dfrac{g(x)}{h(x)}$

$$f'(x)=\frac{g'(x)\cdot h(x)-g(x)\cdot h'(x)}{(h(x))^2}$$

Kettenregel: $\qquad f(x)=g\big(h(x)\big)\quad f=g\circ h$

$$f'(x)=g'\big(h(x)\big)\cdot h'(x)$$

$$f'=\big(g'\circ h\big)\cdot h'$$

bzw. für 3: $\qquad\quad f(x)=g\big(h(k(x))\big)\qquad f=g\circ h\circ k$

$$f'(x)=g'\big(h(k(x))\big)\cdot h'\big(k(x)\big)\cdot k'(x)$$

$$f'=\big(g'\circ(h\circ k)\big)\cdot\big(h'\circ k\big)\cdot k'$$

Die logarithmische Ableitung:

$$\frac{d}{dx}\big(g(x)\big)^{h(x)}=\big(g(x)\big)^{h(x)}\cdot\frac{d}{dx}\Big[h(x)\cdot\ln(g(x))\Big]$$

$$f(t) = \begin{cases} x = x(t) \\ y = y(t) \end{cases} \quad ; \quad \dot{f}(t) = \begin{cases} \dot{x}(t) \\ \dot{y}(t) \end{cases} \quad ; \quad \ddot{f}(t) = \begin{cases} \ddot{x}(t) \\ \ddot{y}(t) \end{cases}$$

$$f'\left(x(t)\right) = \frac{\dot{y}(t)}{\dot{x}(t)} \quad ; \quad f''\left(x(t)\right) = \frac{\ddot{y}(t)\cdot\dot{x}(t)-\dot{y}(t)\cdot\ddot{x}(t)}{\left(\dot{x}(t)\right)^2}$$

Bsp: $f(t) = \begin{cases} v_0\cdot t \\ -\frac{1}{2}\cdot g\cdot t^2 \end{cases} \quad ; \quad \dot{f}(t) = \begin{cases} v_0 \\ -g\cdot t \end{cases} \quad ; \quad \ddot{f}(t) = \begin{cases} 0 \\ -g \end{cases}$

$$f'(v_0\cdot t) = \frac{-g\cdot t}{v_0} \quad ; \quad f''(v_0\cdot t) = \frac{-g\cdot v_0-(-g\cdot t)\cdot 0}{(v_0)^2} = -\frac{g}{v_0}$$

Kurvendiskussion:

a) Bestimmen der Definitionsmenge $\quad \mathbb{D} = ?$

b) Bestimmen der Symmetrie

➤ Achsensymmetrie zur y-Achse: $\boxed{f(-x) \overset{?}{=} f(x)}$

    Achsensymmetrie zu $x = x_S$: $\boxed{f(x_S-h) = f(x_S+h)}$

➤ Punktsymmetrie zum Ursprung: $\boxed{-f(-x) \overset{?}{=} f(x)}$

    Punktsymmetrie zu $P_S(a|b)$: $\boxed{-f(-x+2a)+2b=f(x)}$

(Zwei x-Werte beliebig wählen – entstehendes Gl.Sys. lösen)

c) Asymptoten und Polstellen:

senkrechte Asymptote: $\mathbb{D} = \mathbb{R}\setminus\{x_1 \; ; \; .. \; x_i\} \; ; \; x = x_i$
(Definitionslücke gleich Polstelle gleich senkrechte Asymptote)

Pol erster Ordnung: Pol zweiter Ordnung:

Bsp: 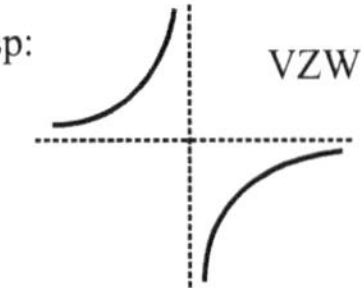

Bsp: 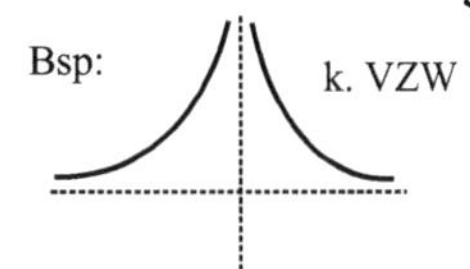

Grenzwertverhalten: $\boxed{y = \lim_{x \to \pm\infty} f(x)}$ $\boxed{\begin{array}{l}y = a \text{ gleich waagrechte}\\ \text{Asymptote.}\end{array}}$

$\boxed{\begin{array}{l}\text{Verhalten an den Rändern}\\ \text{der Definitionslücke(n)}\end{array}}$ $\boxed{y = \lim_{x \to x_i^{\pm}} f(x)}$

d) Schnittpunkte mit den Koordinatenachsen:

$f(0)$ = Schnittpunkt mit der y-Achse ; $f(x) = 0$ (Nullstellen)

e) Extremwerte und Monotonie:

➤ Ableitungen bilden, f' ; f'' ; f''' .

➤ Erste Ableitung Null setzen, gefundene Werte x_i in die zweite Ableitung einsetzen. $i = \{1; \,.... \, n\}_{\mathbb{N}}$

Ist $f'(x_i) = 0 \land f''(x_i) > 0 \Rightarrow TP(x_i|f(x_i))$ $\boxed{\text{Tiefpunkt}}$
(Linkskrümmung $\smile$ an der Stelle x_i)

Ist $f'(x_i) = 0 \land f''(x_i) < 0 \Rightarrow HP(x_i|f(x_i))$ $\boxed{\text{Hochpunkt}}$
(Rechtskrümmung $\frown$ an der Stelle x_i)

➤ Der Graph von f ist in Intervallen von $f'(x) > 0$
streng monoton steigend (zunehmend)

➤ Der Graph von f ist in Intervallen von $f'(x) < 0$
streng monoton fallend (abnehmend)

f) Wendepunkte und Krümmung:

➤ Zweite Ableitung Null setzen, gefundene Werte x_i in die dritte Ableitung einsetzen. $i = \{1; \,.... \, n\}_{\mathbb{N}}$

Ist $f''(x_i) = 0 \land f'''(x_i) \neq 0 \Rightarrow WP(x_i|f(x_i))$ $\boxed{\text{Wendepunkt}}$

Ist $f'(x_i) = 0 \land f''(x_i) = 0 \land f'''(x_i) \neq 0 \Rightarrow TerP(x_i|f(x_i))$

(Ein Terrassenpunkt TerP ist ein Wendepunkt mit der Steigung Null)
Der Graph von f ist in Intervallen von $f''(x) > 0$ links gekrümmt (lgk)
(gegen Uhrzeigersinn)
Der Graph von f ist in Intervallen von $f''(x) < 0$ rechts gekrümmt (rgk)
(im Uhrzeigersinn)

Grenzwertberechnung:

Konstantenregel:

$$\lim_{x \to x_0} \left(k \cdot f(x) \right) = k \cdot \lim_{x \to x_0} \left(f(x) \right)$$

Summenregel:

$$\lim_{x \to x_0} \left(f(x) + g(x) \right) = \lim_{x \to x_0} \left(f(x) \right) + \lim_{x \to x_0} \left(g(x) \right)$$

Produktregel:

$$\lim_{x \to x_0} \left(f(x) \cdot g(x) \right) = \lim_{x \to x_0} \left(f(x) \right) \cdot \lim_{x \to x_0} \left(g(x) \right)$$

Quotientenregel:

$$\lim_{x \to x_0} \left(\frac{f(x)}{g(x)} \right) = \frac{\lim\limits_{x \to x_0} \left(f(x) \right)}{\lim\limits_{x \to x_0} \left(g(x) \right)}$$

Besonderheit bei gebrochen-rationalen Funktionen

$$\lim_{x \to \pm\infty} \left(\frac{a \cdot x^n \pm \ldots}{b \cdot x^m \pm \ldots} \right) = \frac{a}{b} \qquad \text{für } m = n$$

Wurzelregel:

$$\lim_{x \to x_0} \left(\sqrt[n]{f(x)} \right) = \sqrt[n]{\lim_{x_0 \to x_0} \left(f(x) \right)}$$

Potenzregel:

$$\lim_{x \to x_0} \left(f(x) \right)^n = \left[\lim_{x \to x_0} \left(f(x) \right) \right]^n$$

Exponentenregel:

$$\lim_{x \to x_0} \left(a^{f(x)} \right) = a^{\lim\limits_{x \to x_0} \left(f(x) \right)}$$

Logarithmusregel:

$$\lim_{x \to x_0} \left(\log_a f(x) \right) = \log_a \left(\lim_{x \to x_0} \left(f(x) \right) \right)$$

Regel von Bernoulli und De L' Hospital:

Führt $g = \lim\limits_{x \to x_0} \left(\dfrac{f(x)}{g(x)} \right)$ zu $\dfrac{0}{0}$ oder zu $\dfrac{\infty}{\infty}$ so kann gelten

$$g = \lim_{x \to x_0} \left(\frac{f'(x)}{g'(x)} \right)$$

Es gibt auch Fälle, in denen die Regel versagt!

(Kann mehrmals hintereinander angewendet werden)

Grundgrenzwerte:

$$\left.\begin{array}{c} g_{li} \\ g_{re} \end{array}\right\} = \lim_{f(x)\to 0}\left(\frac{a}{f(x)}\right) = \left\{\begin{array}{c} -\infty \\ +\infty \end{array}\right. \qquad \text{für } a > 0$$

$$\left.\begin{array}{c} g_{li} \\ g_{re} \end{array}\right\} = \lim_{f(x)\to 0}\left(\frac{a}{f(x)}\right) = \left\{\begin{array}{c} +\infty \\ -\infty \end{array}\right. \qquad \text{für } a < 0$$

$$\lim_{f(x)\to\pm\infty}\left(\frac{a}{f(x)}\right) = 0 \qquad \text{für } a \in \mathbb{R}\setminus\{0\}$$

$$\lim_{f(x)\to +\infty}\left(a^{f(x)}\right) = \left\{\begin{array}{ll} 0 & \text{für } 0 < a < 1 \\ +\infty & \text{für } \quad a > 1 \end{array}\right.$$

$$\lim_{f(x)\to -\infty}\left(a^{f(x)}\right) = \left\{\begin{array}{ll} +\infty & \text{für } 0 < a < 1 \\ 0 & \text{für } \quad a > 1 \end{array}\right.$$

$$\lim_{f(x)\to 0}\left(\log_a f(x)\right) = -\infty \qquad \text{für } a > 0$$

$$\lim_{f(x)\to +\infty}\left(\log_a f(x)\right) = +\infty \qquad \text{für } a > 0$$

$$\lim_{x\to +\infty}\left(\frac{x^n}{e^x}\right) = 0 \qquad \text{für } n \in \mathbb{R}^+$$

$$\lim_{x\to +\infty}\left(e^x - x^n\right) = +\infty \qquad \text{für } n \in \mathbb{R}^+$$

$$\lim_{x\to +\infty}\left(\frac{\ln(x)}{x^n}\right) = 0 \qquad \text{für } n \in \mathbb{R}^+$$

$$\lim_{x\to 0}\left(\ln(x)\cdot x^n\right) = 0 \qquad \text{für } n \in \mathbb{R}^+$$

Integralrechnung:

Integrieren heißt "Finden einer Stammfunktion"

Das unbestimmte Integral:

$$F(x)= \int f(x)\, dx = \overline{F}(x)+ C$$ (C ist die Integrationskonstante)

Jede Funktion F(x), welche abgeleitet die Integrandenfunktion f(x) ergibt, ist Stammfunktion von f(x).

Grund- bzw. Stammintegrale:

$$F(x)= \int \left(x^n\right) dx = \frac{1}{n+1}\cdot x^{n+1}+ C$$ für $n \neq -1$

$$F(x)= \int \left(x^{-1}\right) dx = \int \left(\frac{1}{x}\right) dx = \ln|x|+ C$$

$$F(x)= \int \left(\frac{1}{ax \pm b}\right) dx = \frac{1}{a}\cdot \ln|ax \pm b|+ C$$

$$F(x)= \int \left(a^x\right) dx = \frac{1}{\ln(a)}\cdot a^x+ C \qquad a>0 \ \wedge \ a \neq 1$$

$$F(x)= \int \left(e^x\right) dx = e^x+C \quad ; \quad F(x)= \int \left(e^{f(x)}\right) dx = \frac{1}{f'(x)}\cdot e^{f(x)}+C$$

$$F(x)= \int \left(k\cdot e^{ax+ b}\right) dx = k\cdot \frac{1}{a}\cdot e^{ax+ b}+ C$$

$$F(x)= \int \left(f'(x)\cdot e^{f(x)}\right) dx = e^{f(x)}+ C$$

$$F(x)= \int \left(\log_a(x)\right) dx = \frac{x\cdot(\ln(x)-1)}{\ln(a)}+ C$$

$$F(x) = \int \left(\ln(x)\right) dx = x\cdot(\ln(x)-1)+ C$$

$$F(x) = \int \sin(x)\, dx = -\cos(x)+ C$$

$$F(x) = \int \cos(x)\, dx = \sin(x)+ C$$

$$F(x) = \int \left(\tan(x) \right) dx = -\ln|\cos(x)| + C$$

$$F(x) = \int \left(\sin^2(x) \right) dx = \frac{1}{2}\left(x - \sin(x)\cdot\cos(x) \right) + C$$

$$F(x) = \int \left(\cos^2(x) \right) dx = \frac{1}{2}\left(x + \sin(x)\cdot\cos(x) \right) + C$$

$$F(x) = \int \left(\frac{1}{\sin^2(x)} \right) dx = -\frac{1}{\tan(x)} + C$$

$$F(x) = \int \left(\frac{1}{\cos^2(x)} \right) dx = \tan(x) + C$$

$$F(x) = \int \left(ax + b \right)^n dx = \frac{1}{a\cdot(n+1)}\cdot\left(ax + b \right)^{n+1} + C$$

$$F(x) = \int \left(\sqrt{ax + b} \right) dx = \frac{2\left(ax + b \right)\sqrt{ax + b}}{3a} + C$$

$$F(x) = \int \left(\frac{f'(x)}{f(x)} \right) dx = \ln|f(x)| + C$$

$$F(x) = \int \left(\frac{f'(x)}{[f(x)]^2} \right) dx = -\frac{1}{f(x)} + C$$

$$F(x) = \int \left(f(x) \right)^n \cdot f'(x)\, dx = \frac{1}{n+1}\cdot\left(f(x) \right)^{n+1} + C$$

Integrationsregeln:

Faktorregel: $\quad \int \left(k \cdot f(x) \right) dx = k \cdot \int \left(f(x) \right) dx$

(Ein konstanter Faktor kann vor das Integral gezogen werden)

Summenregel:

$$\int \left[f_1(x) + f_2(x) + \ldots \right] dx = \int f_1(x)\, dx + \int f_2(x)\, dx + \ldots$$

(Summen dürfen summandenweise integriert werden)

Integrationsverfahren:

Die Integralsubstitution:

$$\int (f \circ g)(x)\, dx \equiv \int f\big(g(x)\big)\, dx$$

Von einer verketteten Funktion ist das Integral zu bilden!

Substitution: $g(x) = u$

sowie:
$$\frac{du}{dx} = g'(x) \;\Rightarrow\; dx = \frac{du}{g'(x)} = \frac{1}{g'(x)}\cdot du$$

somit ist:
$$\int f\big(g(x)\big)\, dx = \frac{1}{g'(x)}\cdot \int f(u)\, du$$

$$\int f\big(g(x)\big)\, dx = \frac{1}{g'(x)}\cdot F(u) + C$$

Rücksubst:
$$\int f\big(g(x)\big)\, dx = \frac{1}{g'(x)}\cdot F\big(g(x)\big) + C$$

$$\int \big(f(x)\circ g(x)\big)\, dx = \frac{1}{g'(x)}\cdot \big(F(x)\circ g(x)\big) + C$$

z.B.
$$\int \big(f(x)\circ(ax+b)\big)\, dx = \frac{1}{a}\cdot \big(F(x)\circ(ax+b)\big) + C$$

Bsp.: $F(x) = \int \big(\cos(2x)\big)\, dx$

Subst: $u = g(x) = 2x$; $\dfrac{du}{dx} = (2x)' = 2$; $dx = \dfrac{1}{2}\, du$

$$\int \left(\cos(u)\cdot\tfrac{1}{2}\right) du = \frac{1}{2}\cdot \int \cos(u)\, du = \frac{1}{2}\cdot \sin(u) + C$$

Rücksubst:
$$F(x) = \frac{1}{2}\cdot \sin(2x) + C$$

Probe:
$$\frac{d}{dx} = \frac{1}{2}\cdot\sin(2x) + C = \frac{1}{2}\cdot\cos(2x)\cdot 2 = \cos(2x)$$

<u>**Partielle- oder Produktintegration:**</u>

$$\int \big(u(x)\cdot v'(x)\big)\,dx = u(x)\cdot v(x) - \int \big(u'(x)\cdot v(x)\big)\,dx$$

Hierbei kommt es vor allem auf die Wahl von v' an.
Eine Probe ist in jedem Fall durchzuführen.

<u>**Die Partialbruchzerlegung:**</u>

Ist eine <u>unecht</u> gebrochen rationale Funktion zu integrieren, so ist zuerst
eine Polynomdivision durchzuführen. Bei dem so entstandenen Term wird
der gebrochene Teil durch eine Partialbruchzerlegung weiter vereinfacht.
Ist die Funktion <u>echt</u> gebrochen rational, entfällt eine Polynomdivision.

$$f(x) = \frac{g(x)}{h(x)} \quad \text{Pol. Div.} \;\Rightarrow\; f(x) = S_1 + S_2 + \dots S_i + \frac{R(x)}{h(x)} \;;\; i \in \mathbb{N}$$

PBZ: $\quad \boxed{\dfrac{R(x)}{h(x)} = \dfrac{Z_1}{N_1} + \dfrac{Z_2}{N_2} + \dots + \dfrac{Z_n}{N_n}} \quad \text{mit}\;\; h(x) = N_1 \cdot N_2 \cdot \dots N_n$

Ermitteln der Nennernullstellen: $h(x) = 0$

Jeder Nullstelle x_i des Nenners wird nun wie folgt ein Partialbruch
zugewiesen:

Einfache Nullstelle: $\quad \boxed{\dfrac{Z_i}{x - x_i}} \quad \text{mit}\; i \in \mathbb{N}^*$

Doppelte Nullstelle: $\quad \boxed{\dfrac{Z_i}{x - x_i} + \dfrac{Z_{i+1}}{\left(x - x_i\right)^2}}$

k-fache Nullstelle: $\quad \boxed{\dfrac{Z_i}{x - x_i} + \dfrac{Z_{i+1}}{\left(x - x_i\right)^2} + \dots + \dfrac{Z_k}{\left(x - x_i\right)^k}}$

Ermitteln der jeweiligen Zähler durch Koeffizientenvergleich.

Integration der Brüche: $\quad \boxed{\displaystyle\int \frac{dx}{x - x_i} = \ln\left|x - x_i\right| + C}$

$$\int \frac{dx}{\left(x-x_i\right)^n} = \frac{1}{\left(1-n\right)\left(x-x_i\right)^{n-1}} + C$$

Bsp.: Integrieren Sie: $\quad f(x) = \dfrac{x^3 - x}{2x^2 - 4x - 16}$

Pol. Div. durchführen: $\quad f(x) = \frac{1}{2}x + 1 + \dfrac{11x + 16}{2x^2 - 4x - 16}$

Nennernullstellen: $\quad 2x^2 - 4x - 16 = 0 \;\rightarrow\; x_1 = -2 \;;\; x_2 = 4$

Ermitteln der Zähler: $\quad \dfrac{11x + 16}{2x^2 - 4x - 16} = \dfrac{Z_1}{2(x+2)} + \dfrac{Z_2}{x-4}$

➤ $\; 11x + 16 = Z_1(x-4) + Z_2 \cdot 2(x+2) = Z_1 x - 4Z_1 + 2Z_2 x + 4Z_2$

➤ $\; 11x + 16 = (Z_1 + 2Z_2)x + (-4Z_1 + 4Z_2)$

Koeffizientenvergleich:

$$
\begin{array}{r|l}
\text{(I)} & Z_1 + 2Z_2 = 11 \\
\text{(II)} & -4Z_1 + 4Z_2 = 16 \\
\hline
\text{(I)} - \frac{1}{2}\text{(II)} & 3Z_1 \qquad\quad = 3
\end{array}
\quad \Rightarrow \quad \underline{\underline{\begin{array}{l} Z_1 = 1 \\ \\ Z_2 = 5 \end{array}}}
$$

Integration:

$$\int \left(\frac{1}{2}x + 1 + \frac{1}{2x+4} + \frac{5}{x-4} \right) dx = \frac{1}{4}x^2 + x + \ln|2x+4| + 5\ln|x-4| + C$$

Das bestimmte Integral:

$$I = \int_a^b f(x)\, dx = \left[\bar{F}(x)\right]_a^b = \bar{F}(b) - \bar{F}(a) \qquad \bar{F} \text{ ist F ohne "C"}$$

Hat f(x) im Intervall von **a** bis **b** keinen
Vorzeichenwechsel, so ist der Betrag des
Integralwerts I gleich der Flächenmaßzahl
A der Fläche zwischen f(x) und der x-Achse
Flächenberechnung zwischen zwei Funk-
tionen g(x) und h(x) für f(x) = g(x) – h(x)
Ansonsten erhält man die **"Flächenbilanz"**.

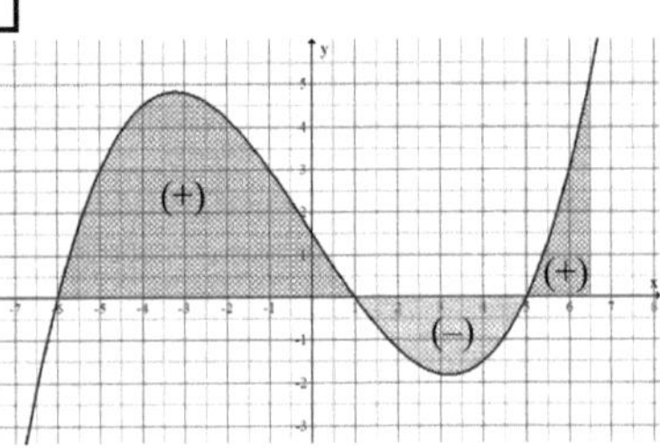

Bestimmtes Integral als Fläche:

$$A = \left| \int_a^b \left(g(x) - h(x) \right) dx \right| = \left| \left[F(x) \right]_a^b \right| = \left| F(b) - F(a) \right|$$

Rechenregeln des bestimmten Integrals:

Vertauschungsregel:
$$\int_a^b f(x)\, dx = - \int_b^a f(x)\, dx$$

Nullregel:
$$\int_a^a f(x)\, dx = 0$$

Intervallregel:
$$\int_a^c f(x)\, dx = \int_a^b f(x)\, dx + \int_b^c f(x)\, dx$$

Die Integralfunktion:

$$I(x) = \int_a^x f(t)\, dt = \left[F(t) \right]_a^x = F(x) - F(a)$$

Setzt man die Untergrenze **a** in die Integralfunktion I(x) ein, so wird diese 0.

HDI: (Hauptsatz der Differential- und Integralrechnung)

- Jede Integralfunktion I(x) einer beliebigen stetigen Funktion f(x) ist differenzierbar.

- Die Ableitung einer Integralfunktion ist gleich der Integrandenfunktion an der oberen Integralgrenze.

$$I'(x) = \left[\int_a^{g(x)} f(t)\, dt \right]' = f(t) \circ g(x) = f\left(g(x) \right)$$

$$I'(x) = \left[\int_a^x f(t)\, dt \right]' = f(x)$$

➤ Nicht jede Stammfunktion F(x) ist auch eine Integralfunktion I(x) von f(x),
aber jede Integralfunktion ist eine Stammfunktion von f(x).

Das uneigentliche Integral:

$$\int\limits_a^\infty f(x)\,dx = \lim_{t \to \infty} \int\limits_a^t f(x)\,dx \qquad \text{mit } t > a$$

Integrieren gegen eine Polstelle:

$$\int\limits_a^b f(x)\,dx = \lim_{x \to b} \int\limits_a^x f(t)\,dt \qquad \text{(b gleich Polstelle von f(x))}$$

Rotationsvolumen und Mantelfläche:

- um die x-Achse:

$$V_x = \pi \cdot \int\limits_a^b \left(f(x) - g(x)\right)^2 \, dx = \pi \cdot \left[F(x)\right]_a^b$$

- zugehörige Mantelfläche:

$$M_x = 2\pi \cdot \int\limits_a^b f(x) \cdot \sqrt{1 + \left(f'(x)\right)^2} \, dx$$

Länge des Kurvenstücks:
(Bogenlänge:)

$$s_b = \int\limits_a^b \sqrt{1 + \left(f'(x)\right)^2} \, dx$$

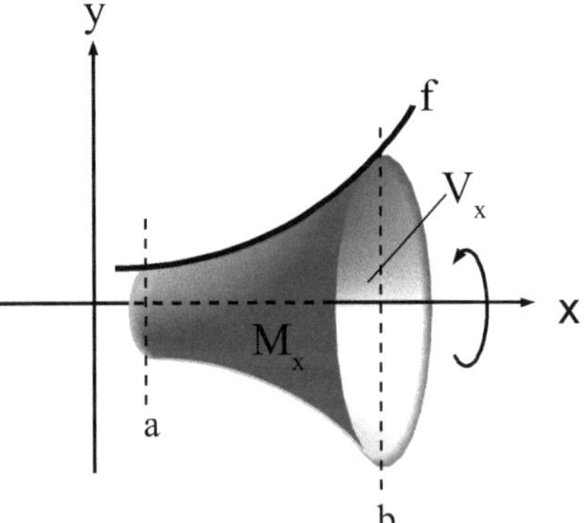

- um die y-Achse:

$$V_y = \pi \cdot \int_a^b \left(x^2 \cdot f'(x) \right) dx = \pi \cdot \left[F(x) \right]_a^b$$

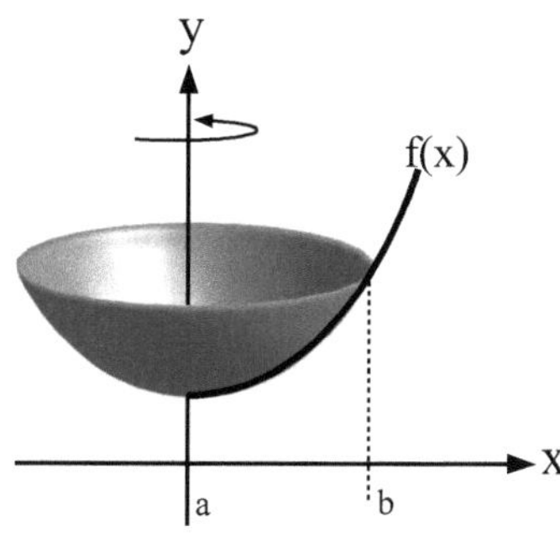

Geometrie: (euklidische)

Punktmengen: (geometrische Örter)

A, B, C, ….	einzelne Punkte
AB, g_{AB}, g(A,B)	Gerade durch die Punkte A und B
[AB, $g_{[AB}$	Halbgerade beginnt in A
[AB]	Strecke von A nach B
$\overline{AB}$	Länge der Strecke von A nach B
K(M ; r)	Kreis um M mit dem Radius r
K={P$\mid\overline{MP}$=r}	Menge aller Punkte P die von M den Abstand r haben. (Kreis)
K_i={P$\mid\overline{MP}$<r}	Menge aller Punkte P, die im Kreisinneren liegen.　　(Kreisfläche)
K_a={P$\mid\overline{MP}$>r}	Menge aller Punkte P, die außerhalb des Kreises liegen.
d(P ; g)	Abstand des Punktes P zur Geraden g.
g $\parallel$ h	Die Gerade g ist parallel zur Geraden h.
g $\perp$ h	Die Gerade g ist orthogonal zur Geraden h (g steht senkrecht auf h)
$\sphericalangle$ ABC	Winkel ABC, mit dem Scheitel bei B und den Schenkeln [BA und [BC.
$F_1 \cong F_2$	Figur 1 ist kongruent zu Figur 2
$F_1 \sim F_2$	Figur 1 ist ähnlich zu Figur 2

$$\frac{\overline{ZA}}{\overline{ZA'}} = \frac{\overline{ZB}}{\overline{ZB'}} \quad ; \quad \frac{\overline{ZA}}{\overline{AB}} = \frac{\overline{ZA'}}{\overline{A'B'}} \quad ; \quad \frac{\overline{ZA}}{\overline{AA'}} = \frac{\overline{ZB}}{\overline{BB'}}$$

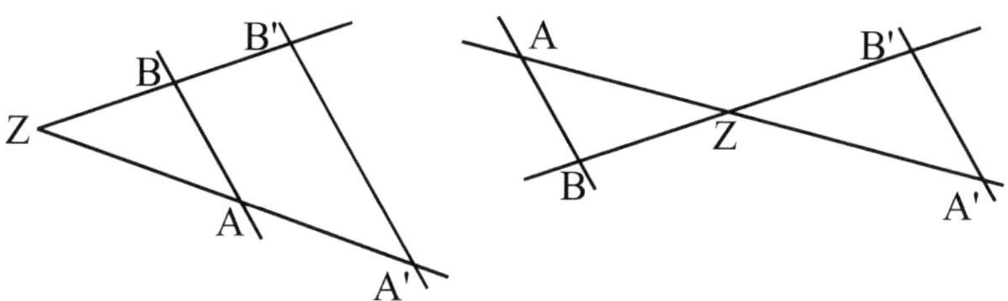

Teilung einer Strecke:

Innere und äußere Teilung einer Strecke [AB]

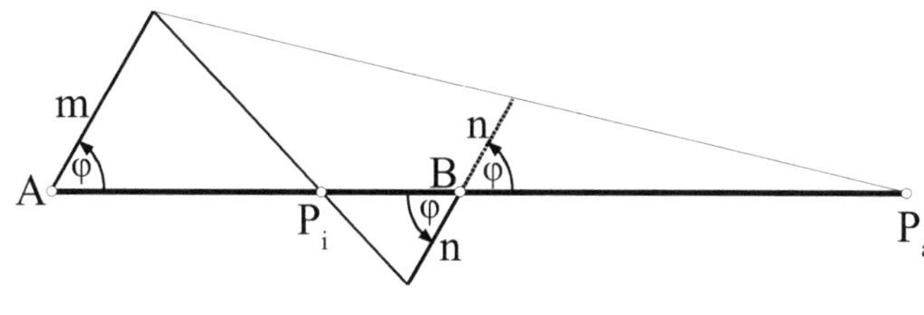

$$\frac{\overline{AP_i}}{\overline{P_iB}} = \frac{m}{n} \quad ; \quad \frac{\overline{AP_a}}{\overline{BP_a}} = \frac{m}{n} \qquad (\varphi \text{ beliebig})$$

Der goldene Schnitt:

$$\frac{a}{x} = \frac{x}{a-x}$$

$$\Rightarrow \quad x = \frac{1}{2}\left(\sqrt{5}-1\right)\cdot a$$

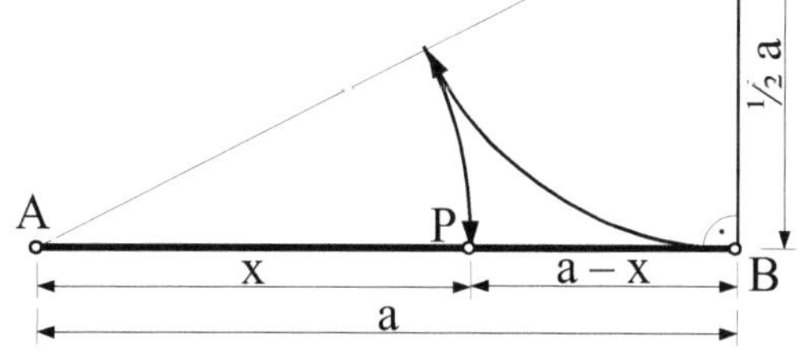

Die Strecke [AB] wird im Verhältnis des "goldenen Schnitts" geteilt.

Das gleichseitige Dreieck:

Es gilt: $a = b = c$; $\alpha = \beta = \gamma = 60°$

Es gibt drei Symmetrieachsen

Umkreisradius $r_u = \overline{AM}$:

$$r_u = \tfrac{1}{3} a \sqrt{3}$$

Inkreisradius r_i:

$$r_i = \tfrac{1}{6} a \sqrt{3}$$

Dreieckshöhe h: $\quad h_n = \tfrac{1}{2} a \sqrt{3}$

Dreiecksfläche A_Δ: $\quad A_\Delta = \tfrac{1}{4} a^2 \cdot \sqrt{3}$

M ist der Schnittpunkt der Höhen, bzw. auch der Winkelhalbierenden.

Das gleichschenklige Dreieck:

Es ist: $a = b =$ Schenkel

$\qquad\quad c =$ Basis

$\alpha = \beta =$ Basiswinkel

Der Umkreisradius:

$$\overline{CM}_u = r_u = \frac{a}{2 \cdot \cos\left(\frac{\gamma}{2}\right)}$$

Der Inkreisradius:

$$\overline{M_c M_i} = r_i = \tfrac{1}{2} \cdot c \cdot \tan\left(\frac{\alpha}{2}\right)$$

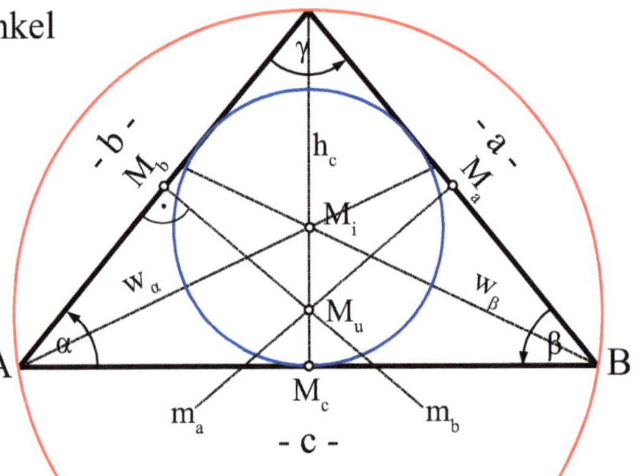

Das rechtwinklige Dreieck:

Die *Hypotenuse* ist die längste Seite im rechtwinkligen Dreiecke und liegt dem rechten
Winkel stets gegenüber. Die beiden Seiten, welche den rechten Winkel ein-
schließen, heißen *Katheten*.

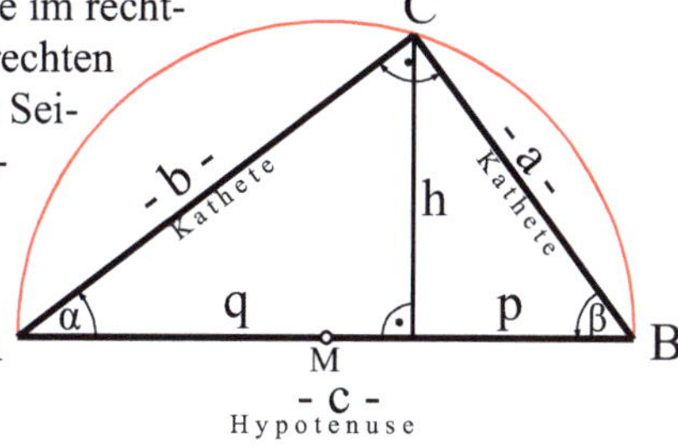

Fläche: $\boxed{A = \frac{1}{2}\,a\,b = \frac{1}{2}\,c\,h}$

$\Rightarrow \quad \boxed{a \cdot b = c \cdot h}$

q und p sind die Hypotenusenabschnitte

Merke: Der Umkreis eines rechtwinkligen Dreiecks heißt Thaleskreis.
Alle Punkte "C" auf dem TK bilden mit den Punkten A und B
rechtwinklige Dreiecke.

Umkreisradius: $\boxed{r_u = \frac{1}{2} \cdot \overline{AB} = \frac{1}{2} \cdot c}$; $M_u = M$

Inkreisradius: $\boxed{r_i = \dfrac{a \cdot b}{a + b + c} = \frac{1}{2} \cdot (a + b - c)}$

Winkelfunktionen im rechtwinkligen Dreieck:

$\boxed{\sin(\alpha) = \dfrac{a}{c}}$ Der Sinus eines Winkels α ist gleich dem Quotienten aus Gegenkathete und Hypothenuse. Der Sinus ist also ein Seitenverhältnis im rw. Δ.

$\boxed{\alpha = \arcsin\left(\dfrac{a}{c}\right)}$ Der Arkussinus (arcsin ≡ $\sin^{-1}$) aus dem Quotienten von Gegenkatete und Hypothenuse liefert den zugehörigen Winkel α.

$\boxed{\cos(\alpha) = \dfrac{b}{c}}$ Der Kosinus eines Winkels α ist gleich dem Quotienten aus Ankathete und Hypothenuse. Der Kosinus ist also ein Seitenverhältnis im rw. Δ.

$\boxed{\alpha = \arccos\left(\dfrac{b}{c}\right)}$ Der Arkuskosinus (arccos ≡ $\cos^{-1}$) aus dem Quotienten von Ankatete und Hypothenuse liefert den zugehörigen Winkel α.

$\boxed{\tan(\alpha) = \dfrac{a}{b}}$ Der Tangens eines Winkels α ist gleich dem Quotienten aus Gegenkathete und Ankathete. Der Tangens ist also ein Seitenverhältnis.

$\boxed{\alpha = \arctan\left(\dfrac{a}{b}\right)}$ Der Arkustangens (arctan ≡ $\tan^{-1}$) aus dem Quotienten von Gegen- katete und Ankatete liefert den zugehörigen Winkel α.

Der Satz des Pythagoras:

$$c^2 = a^2 + b^2$$

Das Hypotenusenquadrat ist
gleich der Summe der
Kathetenquadrate.

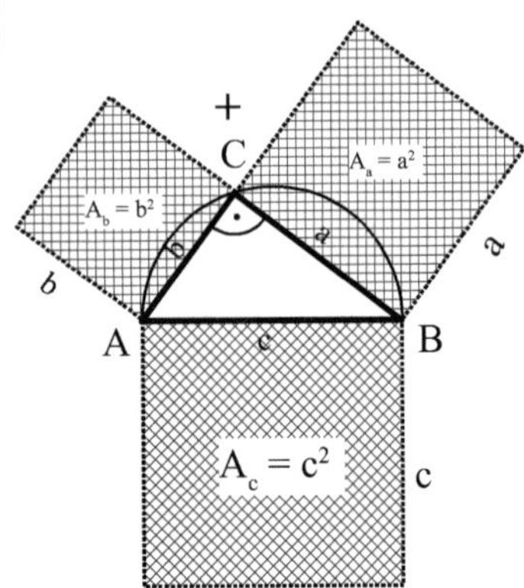

Kathetensatz: $a^2 = c \cdot p$ $b^2 = c \cdot q$

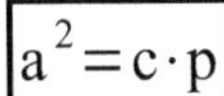
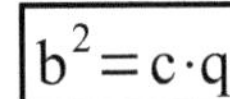

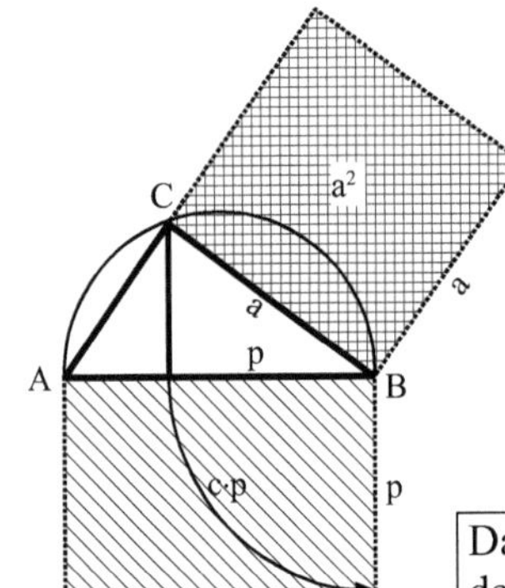

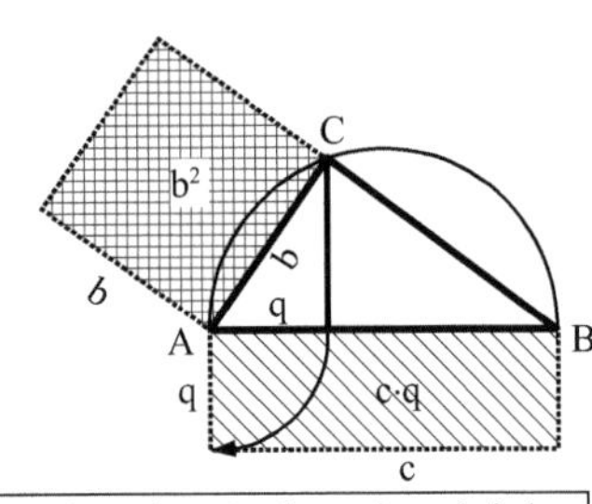

Das Quadrat über der Kathete ist gleich
dem Produkt aus Hypotenuse
und anliegendem Hypotenusenabschnitt.

Höhensatz: $h^2 = p \cdot q$

Das Quadrat über der Höhe
ist gleich dem Produkt der
Hypotenusenabschnitte

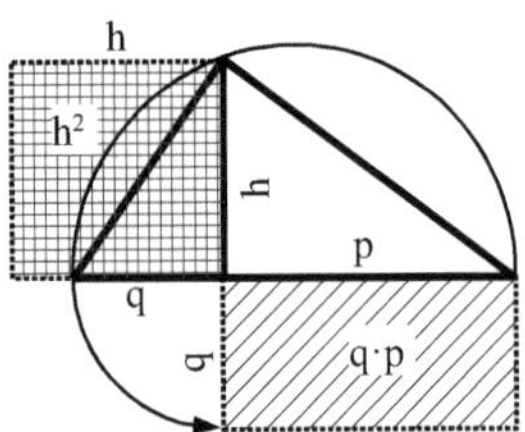

Das allgemeine Dreieck:

Die Höhen h_n schneiden sich alle im Punkt H.

Es gilt: $\quad h_a : h_b : h_c = \dfrac{1}{a} : \dfrac{1}{b} : \dfrac{1}{c}$

Die **Seitenhalbierenden** s_n schneiden sich im Schwerpunkt S.

S teilt s_n im Verhältnis 2:1

z.B. $\quad \overline{CS} : \overline{SM}_c = 2 : 1$

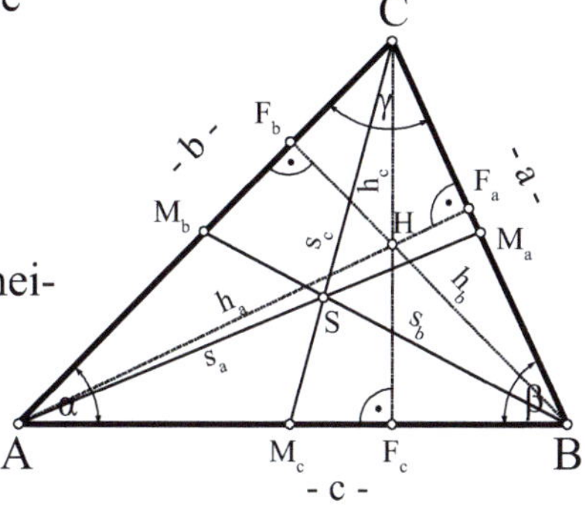

Die **Winkelhalbierenden** w_n schneiden sich im Inkreismittelpunkt M_i.

Inkreisradius r_i:

$$r_i = \overline{AM}_i \cdot \sin\left(\frac{\alpha}{2}\right)$$

Die **Mittenlote** m_n schneiden sich im Umkreismittelpunkt M_u.

Umkreisradius r_u:

$$r_u = \frac{\overline{AM}_c}{\cos(\alpha_1)} \quad ; \quad r_u = \frac{\overline{AM}_b}{\cos(\alpha_2)}$$

> Merke: Die Summe der Innenwinkel in einem (ebenen) Dreieck beträgt stcts 180°

Fläche eines Dreiecks:

(I) $\quad A_\Delta = \frac{1}{2} \cdot g \cdot h_g \quad$ Die Fläche eines Dreiecks ist ½ mal Grundseite g mal zugehörige Höhe h_g.

(II) $\quad A_\Delta = \frac{1}{2} \cdot b \cdot c \cdot \sin(\alpha)$

Die Fläche eines Dreiecks ist ½ mal b mal c mal Sinus des eingeschlossenen Winkels α.

(III) $\quad A_\Delta = \frac{a \cdot b \cdot c}{4 \cdot r_u}$

Die Fläche eines Dreiecks ist das Produkt der Seiten geteilt durch 4 mal Umkreisradius.

(IV) $\quad A_\Delta = \frac{1}{2} \cdot (a + b + c) \cdot r_i$

Die Fläche eines Dreiecks ist ½ mal die Summe der Seiten mal Innkreisradius.

Trigonometrie:

Sinussatz: $a : b : c = \sin(\alpha) : \sin(\beta) : \sin(\gamma)$ SSW ; WWS

(Das Verhältnis der Seiten ist gleich dem Verhältnis der Sini der zugeghörigen Winkel)

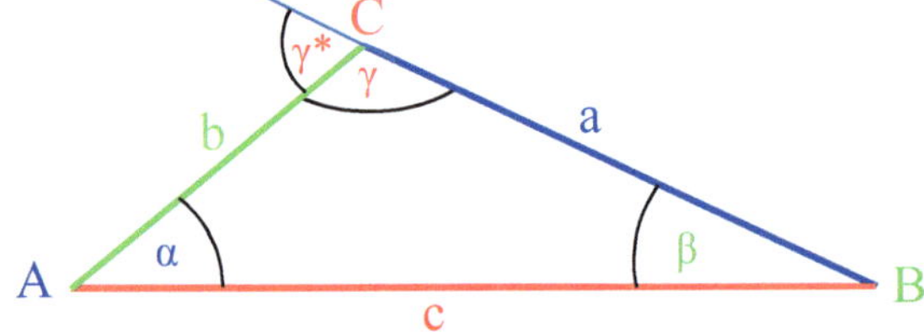

Merke: Will man mit dem Sinussatz einen stumpfen Winkel, hier γ berechnen, so erhält man zunächst den Nebenwinkel γ*.
Den gesuchten Winkel erhält man mit γ = 180° − γ*

Kosinussatz: $a^2 = b^2 + c^2 - 2 \cdot b \cdot c \cdot \cos(\alpha)$ SWS

(Gilt analog für die beiden anderen Seiten b und c)

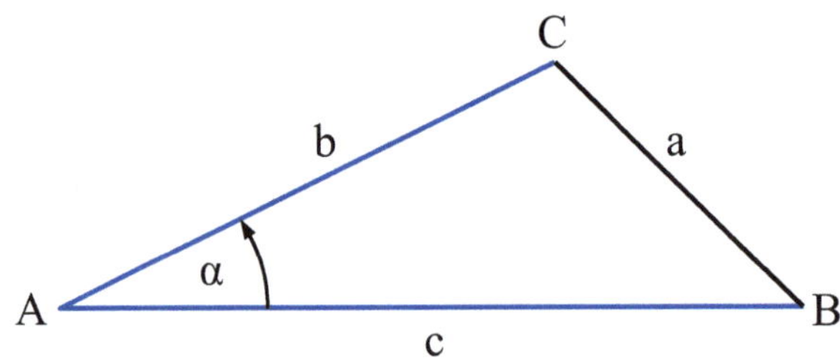

Winkelberechnung: (SSS)

$$\cos(\alpha)=\frac{a^2-b^2-c^2}{-2\,bc} \qquad \Rightarrow \qquad \alpha=\arccos\left(\frac{a^2-b^2-c^2}{-2\,bc}\right)$$

(Gilt analog für β und γ für die entsprechende Seiten)

Vierecke:

Das allgemeine Viereck:

➢ Besitzt keine Symmetrie.
➢ Wird durch die Diagonale e bzw. f in zwei Dreiecke zerlegt.
➢ Die Innenwinkelsumme beträgt demnach 360°.
➢ Es ist durch fünf Angaben bestimmt.

Das allgemeine konvexe Viereck:

Die Diagonalen e und f eines konvexen Vierecks schneiden sich. (im Inneren)

Das allgemeine konkave Viereck.

Die Diagonalen e und f eines konkaven Vierecks schneiden sich nicht.

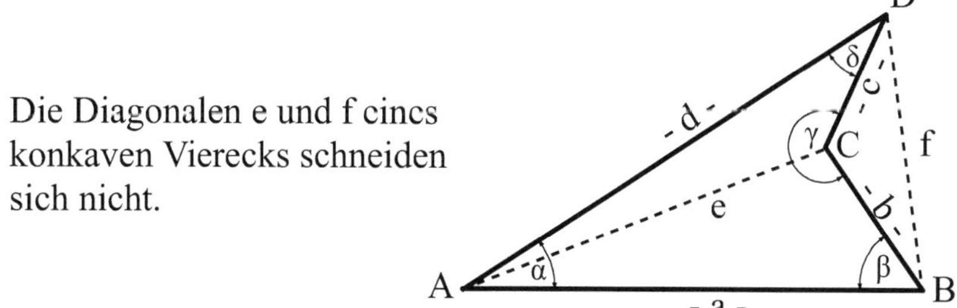

Das Quadrat:

Das Quadrat hat vier gleichlange Seiten a, die aufeinander senkrecht stehen.

Das Quadrat hat vier Symmetrieachsen. (1) – (4)

Das Quadrat ist punktsymmetrisch zum Mittelpunkt M.

Das Quadrat hat einen In- und einen Umkreis.

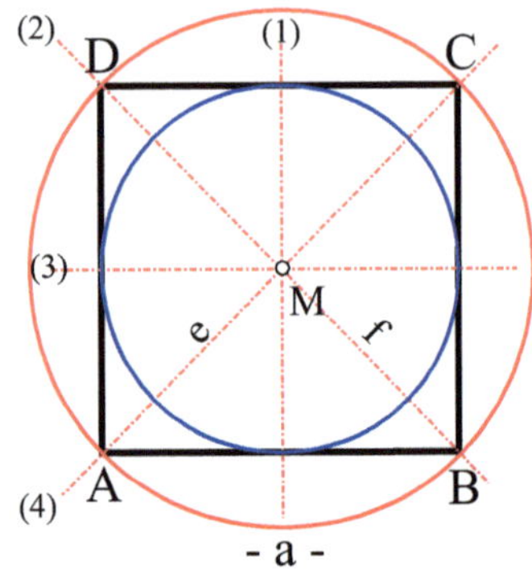

Länge der Diagonalen:
$$\overline{AC} = e = \overline{BD} = f = a \cdot \sqrt{2}$$

Fläche:
$$A_Q = a^2 = \tfrac{1}{2} \cdot e \cdot f$$

Das Rechteck:

Beim Rechteck sind die gegenüber liegenden Seiten parallel und gleichlang. Die Seiten stehen senkrecht aufeinander.

Das Rechteck hat zwei Symmetrieachsen (1), (2)

Das Rechteck ist punktsymmetrisch zum Mittelpunkt M.

Das Rechteck hat einen Umkreis mit dem Mittelpunkt M.

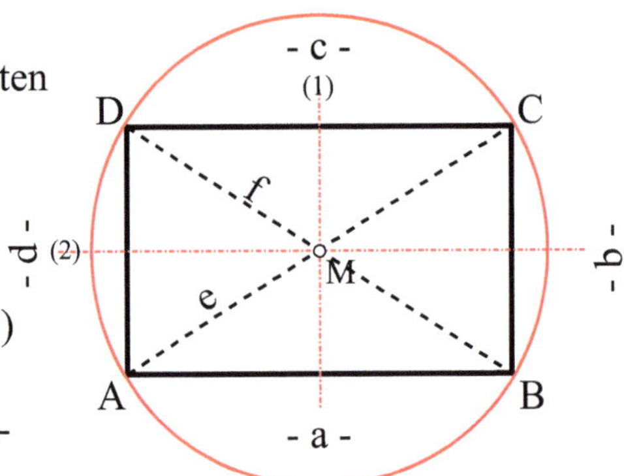

Länge der Diagonalen:
$$\overline{AC} = e = \overline{BD} = f = \sqrt{a^2 + b^2}$$

Rechtecks-Fläche:
$$A_{Re} = a \cdot b$$

Das Parallelogramm:

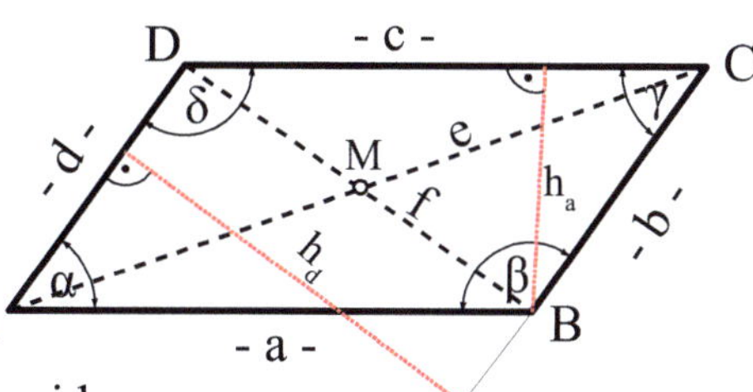

Die gegenüberliegenden Seiten sind parallel und gleichlang.

Die gegenüberliegenden Winkel sind gleichgroß.

Die Diagonalen **e** und **f** schneiden sich im Punkt M und Halbieren sich dort.

Fläche:
$$A_P = a \cdot h_a = d \cdot h_d = a \cdot d \cdot \sin(\alpha) = a \cdot b \cdot \sin(\beta)$$

Die Raute:

Alle vier Seiten a, b, c und d sind gleichlang.

Gegenüber liegende Seiten sind parallel.

Die Raute besitzt zwei Symmetrieachsen und ist Punktsymmetrisch zum Diagonalenschnittpunkt M.

Die Diagonalen e und f stehen senkrecht aufeinander. Sie schneiden sich im Punkt M und halbieren sich dort. Sie halbieren die Winkel.

Die Raute besitzt einen Inkreis mit dem Inkreismittelpunkt $M_i = M$.

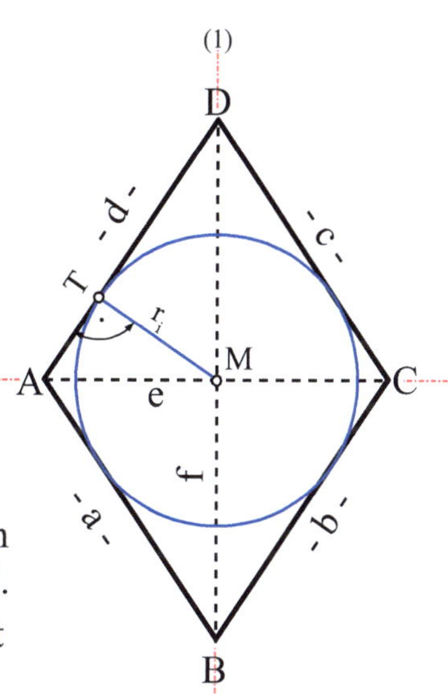

Inkreisradius:
$$r_i = \frac{1}{2} \cdot e \cdot \sin\left(\frac{\alpha}{2}\right)$$

Rauten-Fläche:
$$A_R = \frac{1}{2} \cdot e \cdot f$$

Das Drachenviereck:

Das konvexe Drachenviereck:

Die Seiten a, b und c, d sind gleichlang.
Die Winkel α und γ sind gleichgroß.
Die Diagonalen e und f stehen senk-
recht aufeinander. Die Symmetrieachse f halbiert e im Punkt P.
Der Schnittpunkt der Winkelhalbierenden w_α mit f ist der Inkreismittelpunkt M_i.

Inkreisradius: $\boxed{r_i = \overline{AM_i} \cdot \sin\left(\frac{\alpha}{2}\right)}$

Fläche: $\boxed{A = \frac{1}{2} \cdot e \cdot f = b \cdot c \cdot \sin(\gamma)}$

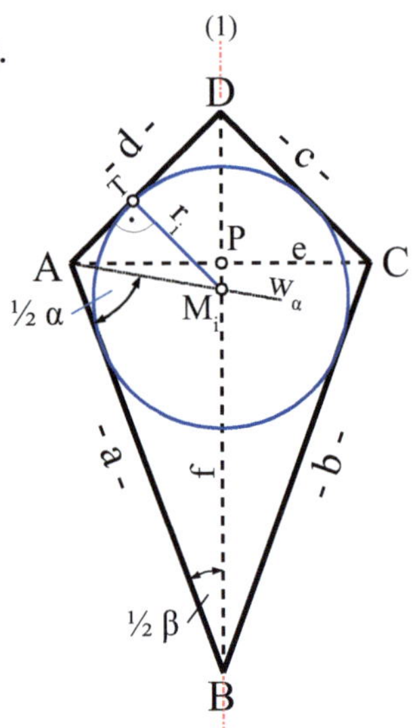

Das konkave Drachenviereck:

Die Seiten a, d und
b, c sind gleichlang.
Die Winkel β und δ
sind gleichgroß.
Es gibt eine Symmetrie-
achse (1)

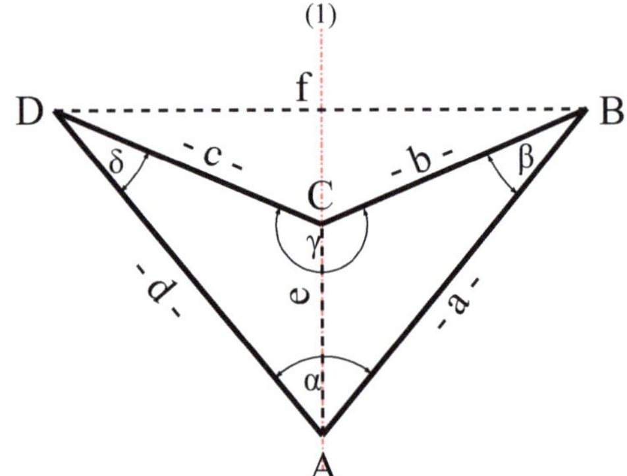

Fläche: $\boxed{A = \frac{1}{2} \cdot e \cdot f = a \cdot b \cdot \sin(\beta) = c \cdot d \cdot \sin(\delta)}$

Das Trapez:

allgemeines: gleichschenkliges:

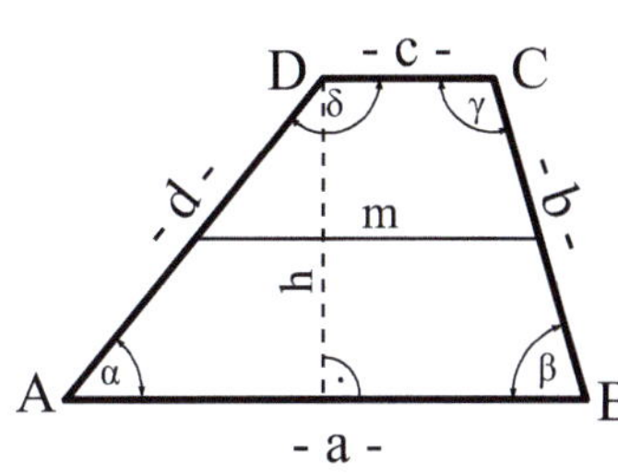

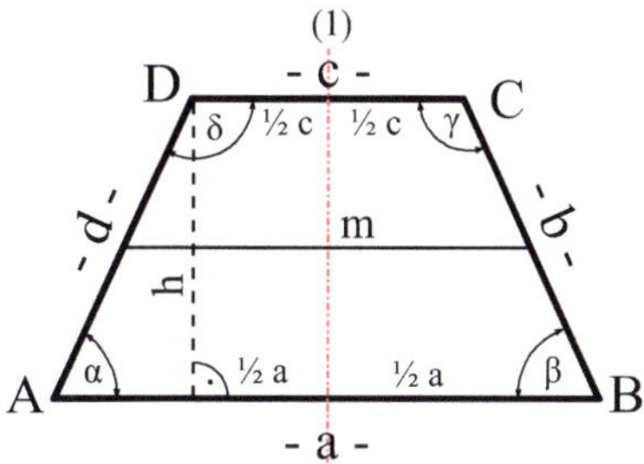

Das Trapez besitzt ein paralleles Seitenpaar (a, c).
Das gleichschenklige Trapez besitzt eine Symmetrieachse (1).
Beim gleichschenkligen Trapez gilt: $\alpha = \beta$ und $\gamma = \delta$

Mittlere Länge m:
$$m = \frac{a + c}{2}$$

Fläche:
$$A_T = m \cdot h = \frac{a + c}{2} \cdot h$$

Das Sehnenviereck:

Ein Viereck mit einem Umkreis
heißt Sehnenviereck.
Der Umkreismittelpunkt M_u
liegt im Schnittpunkt der
Mittelsenkrechten m_n.
Der Umkreisradius r_u (z.B. $\overline{AM_u}$)
ist aus geg. Größen zu ermittelten.

Es gilt folgende Beziehung der
Winkel:

$$\alpha + \gamma = \beta + \delta = 180\,°$$

Gegenüberliegende Winkel ergeben zusammen 180° Grad.

Das Tangentenviereck:

Ein Viereck mit einem Inkreis
heißt Tangentenviereck.
Der Inkreismittelpunkt M_i
liegt im Schnittpunkt der
Seitenhalbierenden w_n.

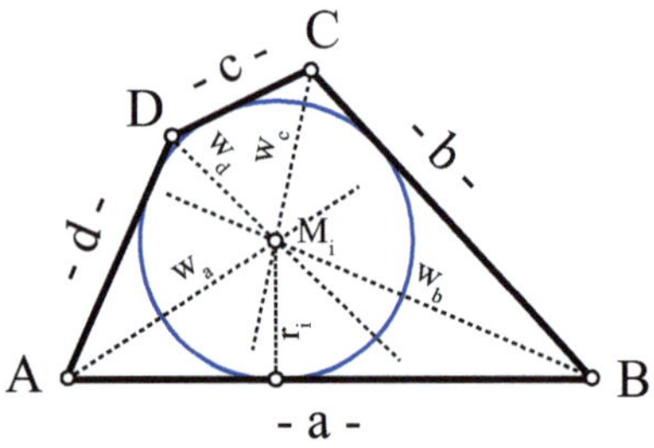

Es gilt folgende Beziehung der Seiten: $\boxed{a + c = b + d}$

Fläche des Tangentenvierecks: $\boxed{A_{TV} = \tfrac{1}{2} \cdot r_i \cdot (a + b + c + d)}$

Das regelmäßige n-Eck:

Es besitzt n Ecken.
Es besteht aus n gleichlangen Seiten a.
Es besteht aus n gleichschenkligen
Dreiecken (z.B. ABM).
Es hat n gleichgroße Winkel μ.

$$\boxed{\mu = \frac{360°}{n}}$$

Es hat n gleichgroße Winkel φ.

$$\boxed{\varphi = 180° - \frac{360°}{n}}$$

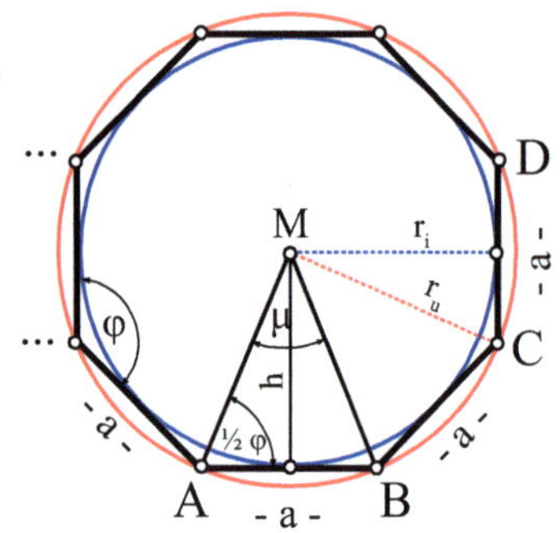

Es besitzt sowohl einen In- wie einen Umkreis. $M_i = M_u = M$

Umkreisradius: $\boxed{r_u = \dfrac{a}{2 \cdot \sin\left(\tfrac{1}{2}\mu\right)}}$

Inkreisradius: $\boxed{r_i = h = \dfrac{a}{2 \cdot \tan\left(\tfrac{1}{2}\mu\right)}}$

Fläche n-Eck: $\boxed{A_n = \tfrac{1}{2} \cdot a \cdot h \cdot n}$

Der Kreis:

<u>Definition:</u> Der geometrische Ort aller Punkte P, die von einem Punkt M den gleichen Abstand r haben heißt Kreis.

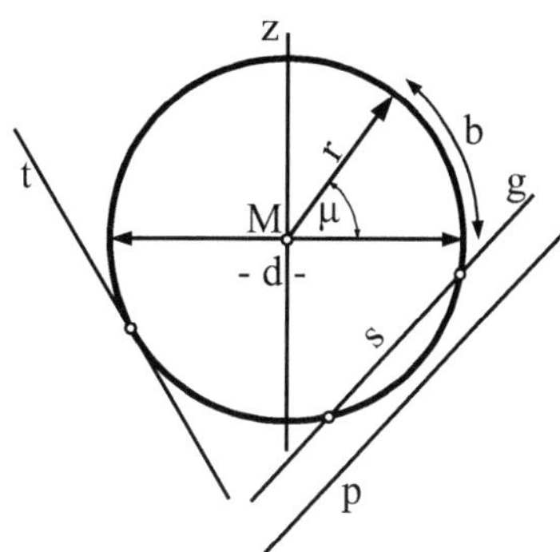

Die Kreisteile sind:

r = Kreisradius

d = Kreisdurchmesser $\quad \boxed{d = 2 \cdot r}$

M = Kreismittelpunkt

s = Sehne

g = Sekante

t = Tangente

p = Passante

z = Zentrale

Kreisfläche: $\quad \boxed{A_k = r^2 \cdot \pi = \frac{1}{4} d\,\pi}$ $\qquad$ (Kreiszahl Pi: $\pi \approx 3,14\ldots$)

Kreisumfang: $\quad \boxed{U_k = 2\,r\,\pi = d\,\pi}$

Sektorfläche: $\quad \boxed{A_{Sek} = \dfrac{r^2\,\pi\,\mu}{360\,°} = \dfrac{1}{2}\,r\,b}$

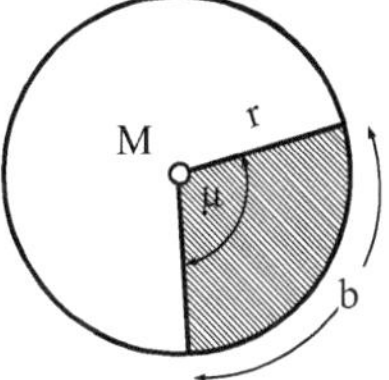

Segmentfläche: $\quad \boxed{A_{Seg} = A_{Sek} - \dfrac{1}{2}\,r^2 \sin(\mu)}$

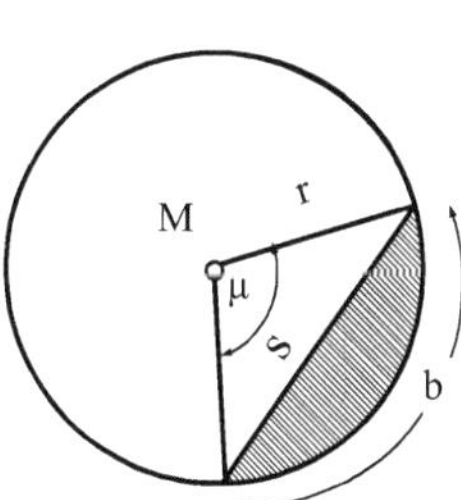

Kreisbogen: $\quad \boxed{b = \dfrac{r\cdot\pi\cdot\mu}{180\,°} = \dfrac{d\cdot\pi\cdot\mu}{360\,°}}$

Der Fasskreisbogen:

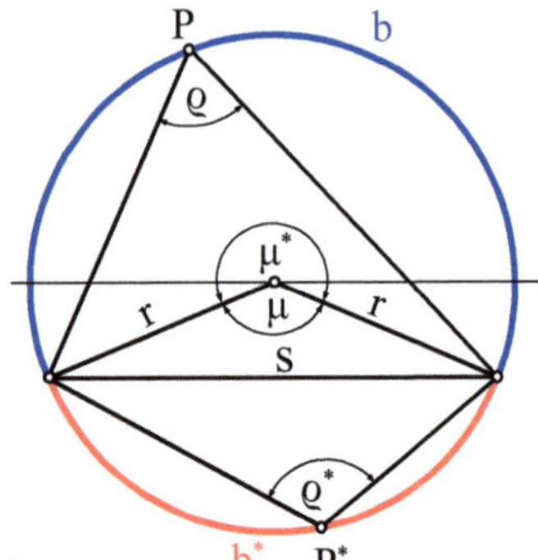

b = oberer Fasskreisbogen
b* = unterer Fasskreisbogen

Zusammenhang von Mittel-
punktswinkel μ und Rand-
winkel ϱ: $\boxed{\mu = 2 \cdot \varrho}$; $\boxed{\mu^* = 2 \cdot \varrho^*}$

Die Mittelpunktswinkel (mü) sind doppelt
so groß wie die zugehörigen Randwinkel (rho).

Kreis und Tangente:

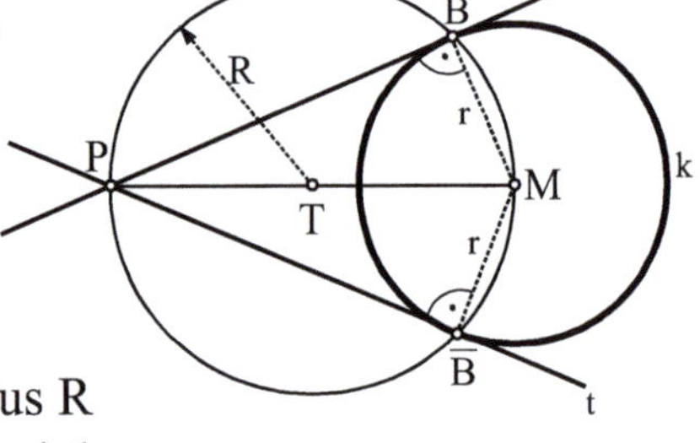

Von einem Punkt P aus sollen
Tangenten an den Kreis k
angelegt werden.
Konstruktion:

➤ P und M verbinden
➤ [PM] halbieren $\Rightarrow$ T
➤ Thaleskreis um T mit Radius R
  $\Rightarrow$ Schnittpunkte B und $\overline{B}$ mit k
➤ Tangenten t durch die Punkte P, B und P, $\overline{B}$ zeichnen

An zwei Kreise sollen Tangenten
angelegt werden

Äußere Tangenten:

➤ Hilfskreis k_h mit
➤ Radius $r_2 - r_1$ um
  M_2 ziehen.
➤ Thaleskreis k_T über
  der Strecke $[M_1 M_2]$
  errichten. $\Rightarrow$ A , A^*

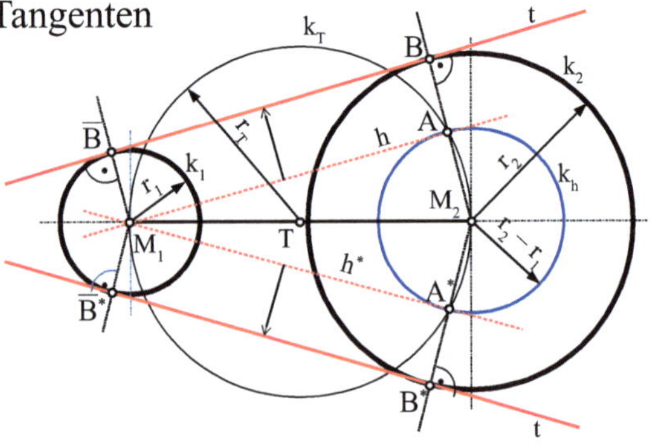

- ➢ Halbgerade [M₂A bzw. [M₂A* zeichnen
  - ⇒ Schnittpunkt B bzw. B* mit Hilfskreis k_h.
- ➢ Hilfstangente h (h*) parallel durch B (B*) verschieben
  - ⇒ Tangente t (t*)

Innere Tangenten:

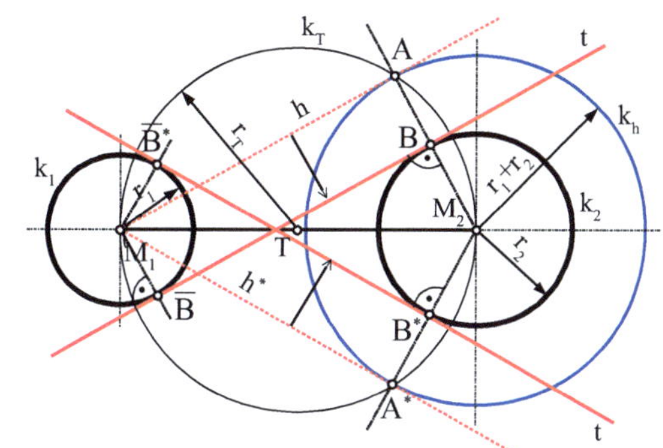

Die Konstruktion
erfolgt ähnlich der der
äußerer Tangenten.

Die Ellipse:

a = große Halbachse
b = kleine Halbachse

F = rechter
Brennpunkt
$\overline{F}$ = linker
Brennpunkt

Alle Punkte P mit der
Eigenschaft

$$\boxed{\overline{PF} + \overline{P\,\overline{F}} = 2\,a}$$ liegen auf der Ellipse E.

Scheitelkrümmungskreise: $$\boxed{r_1 = \frac{a^2}{b}}$$; $$\boxed{r_2 = \frac{b^2}{a}}$$

Ellipsen-Fläche: $$\boxed{A_E = a \cdot b \cdot \pi}$$

Das Prisma:

Beim Prisma sind alle Seitenkanten parallel und gleichlang!

Gerades Prisma: Schräges Prisma:

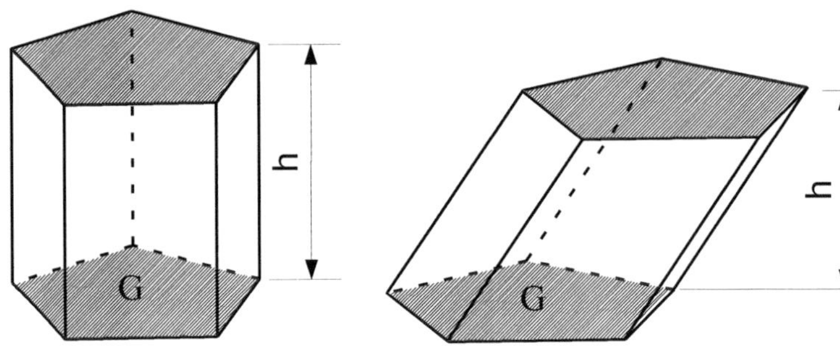

Die Oberfläche besteht aus Grund- und Deckfläche, sowie der Mantelfläche. Die Mantelfläche besteht beim geraden Prisma aus Rechtecken und beim schrägen Prisma aus Parallelogrammflächen.

Volumen: $\boxed{V_P = G \cdot h}$ $\boxed{\text{Volumen Prisma gleich Grundfläche G mal Höhe h.}}$

Der Würfel:

> hat 6 Quadratflächen a^2
> hat 8 Ecken ABCDEFG
> hat 12 Seitenkanten a, die senkrecht zueinander sind.
> die Flächendiagonalen d_f schneiden sich im Flächen-schwerpunkt M_f. $\boxed{d_f = a \cdot \sqrt{2}}$
> die Raumdiagonalen d_r schneiden sich im Massen-schwerpunkt M_s. $\boxed{d_r = a \cdot \sqrt{3}}$

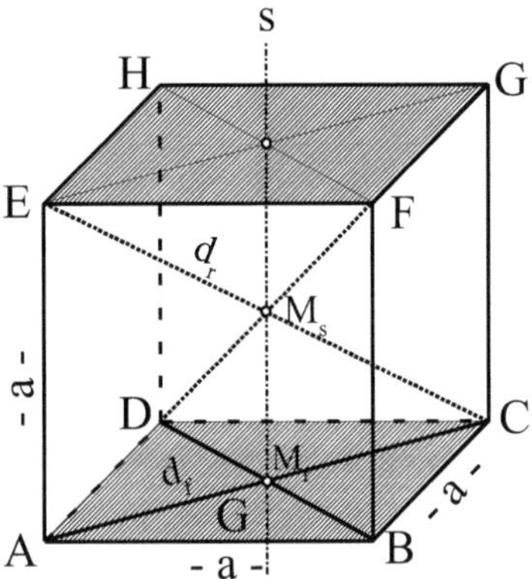

Oberfläche: $\boxed{A_w = 6 \cdot a^2}$ Volumen: $\boxed{V_w = a^3}$

Der Quader:

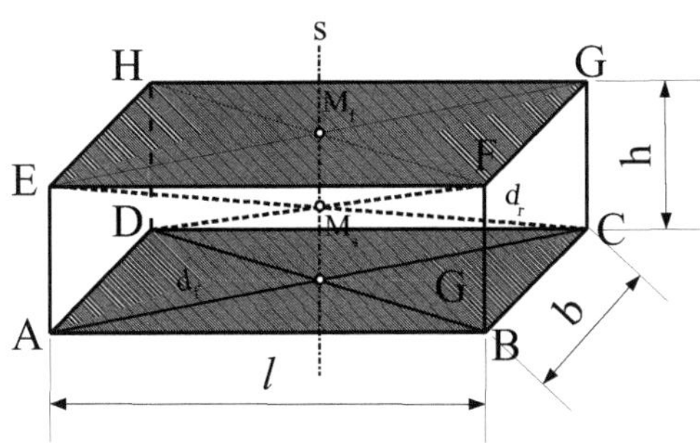

- hat 6 paarweise gegenüberliegende, flächengleiche Rechtecksflächen.
- hat 8 Ecken.
- hat 12 Kanten, wobei jeweils die 4 parallelen Kanten gleich lang sind.
- die Flächendiagonalen d_f schneiden sich im Flächenschwerpunkt M_f.

$$d_f = \sqrt{l^2 + b^2}$$

- die Raumdiagonalen d_r schneiden sich im Massenschwerpunkt M_s.

$$d_r = \sqrt{l^2 + b^2 + h^2}$$

Quader-Mantelfläche: $\quad M_Q = U_G \cdot h = 2 \cdot (l + b) \cdot h$

Quader-Oberfläche: $\quad A_Q = 2 \cdot (l \cdot b + l \cdot h + b \cdot h)$

Quader-Volumen: $\quad V_Q = G \cdot h = l \cdot b \cdot h$

Der (gerade) Kreiszylinder:

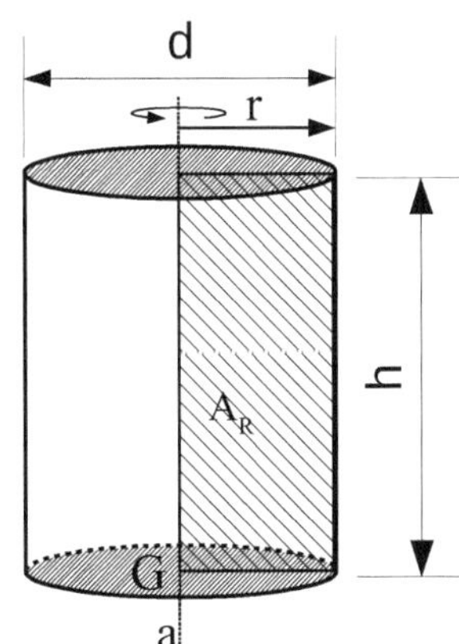

Ein Zylinder entsteht, wenn eine Rechtecksfläche $A_R = r \cdot h$ um eine Achse a rotiert.
Die Grundfläche ist ein Kreis.

Volumen: $\quad V_Z = G \cdot h = r^2 \cdot \pi \cdot h$

Mantelfläche: $\quad M_Z = U_K \cdot h = d \cdot \pi \cdot h$

Oberfläche: $\quad A_Z = 2 \cdot G + M_Z$

$$A_Z = 2 \cdot r^2 \cdot \pi + 2 \cdot r \cdot \pi \cdot h$$

Rotiert eine Rechtecksfläche A_R
im Abstand r_i um die Achse a,
so entsteht ein Kreisringzylinder.

Die so entstehende Grund- bzw.
Deckfläche ist ein Kreisring.

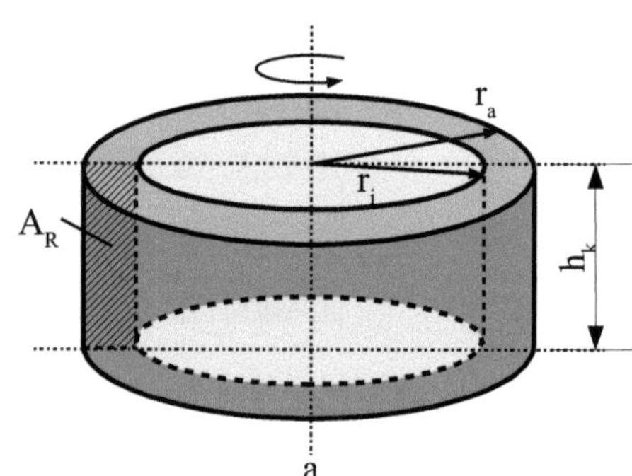

Volumen:

$$V_{KRZ} = h_k \left(r_a^{\,2} - r_i^{\,2} \right) \pi$$

Mantelfläche:

$$M_{KRZ} = M_a + M_i$$

$$M_{KRZ} = 2\,h_k \left(r_a + r_i \right) \pi$$

Die Mantelfläche des Kreisringzylinders
besteht aus der äußeren Mantelfläche M_a
und der inneren Mantelfläche M_i.

Oberfläche:

$$O_{KRZ} = 2 \cdot A_{Ring} + M_a + M_i \quad ; \quad A_{Ring} = \left(r_a^{\,2} - r_i^{\,2} \right) \pi$$

$$O_{KRZ} = \left(r_a + r_i \right) \left(r_a - r_i + h_k \right) 2\pi$$

Die Pyramide:

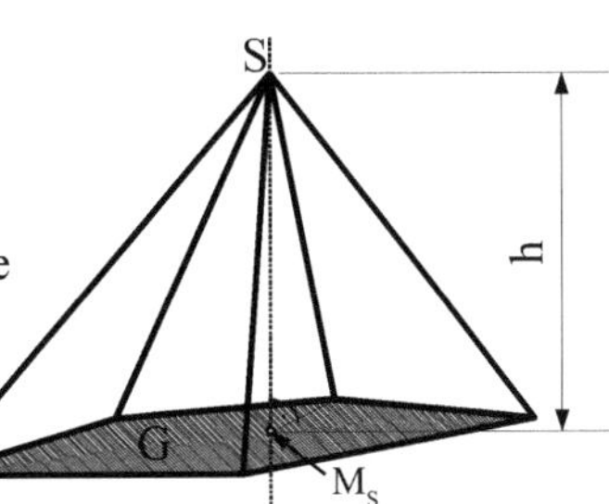

- alle Seitenkanten schneiden sich in einem Punkt S.
- liegt die Spitze S senkrecht über dem Flächenschwerpunkt M_S der Grundfläche G, so spricht man von einer "geraden" Pyramide.
- die Oberfläche besteht aus Grundfläche G und der Mantelfläche M.
- das Volumen ist stets $\boxed{V_{Py} = \tfrac{1}{3} \cdot G \cdot h}$

Pyramidenstumpf:

Grundfläche G und Deckfläche g sind parallel.

Volumen: $\boxed{V_{St} = \tfrac{1}{3} \cdot \left(G + g + \sqrt{G \cdot g}\right)}$

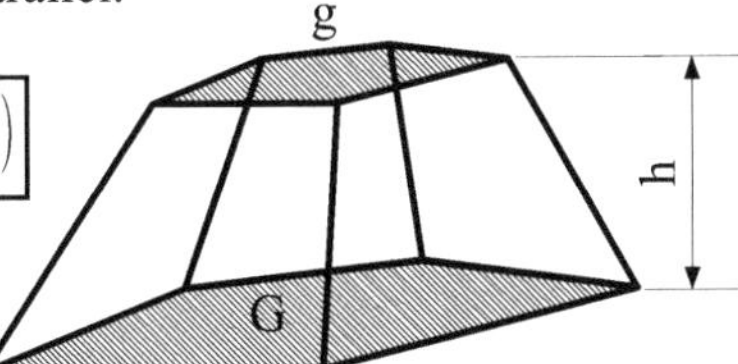

Die quadratische Pyramide:

Länge der Seitenkanten:

$$\boxed{k = \sqrt{\tfrac{1}{2} a^2 + h_k^2}}$$

Mantelfläche:

$$\boxed{A_M = 2\,a \cdot \sqrt{\tfrac{1}{4} a^2 + h_k^2}}$$

Oberfläche:

$$\boxed{A_O = a^2 + A_M}$$

Volumen: $\boxed{V_{Py} = \tfrac{1}{3} \cdot a^2 \cdot h_k}$

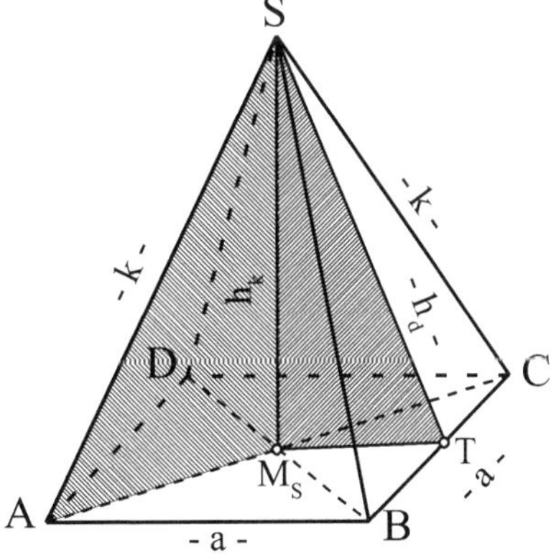

Der (gerade) Kreiskegel:

Rotiert eine rechtwinklige Dreiecksfläche A_Δ um eine ihrer Katheten, so entsteht ein gerader Kreiskegel.

Seitenkante k:

$$k = \sqrt{r^2 + h^2}$$

Mantelfläche A_M:

$$A_M = r \cdot s \cdot \pi$$

$$\varphi = \frac{r}{s} \cdot 360\,°$$

$$A_M = \frac{s^2 \cdot \pi \cdot \varphi}{360\,°}$$

Oberfläche:

$$A_{Keg} = r^2\,\pi + A_M$$

$$A_{Keg} = r\,(r + s)\,\pi$$

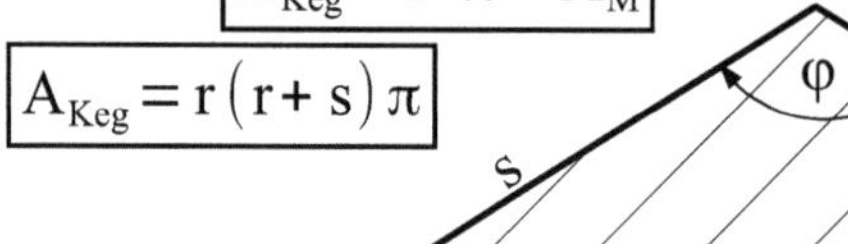

Volumen:

$$V_{Keg} = \frac{1}{3} \cdot r^2 \cdot \pi \cdot h$$

Der (gerade) Kreiskegelstumpf:

Rotiert eine rechtwinklige Trapezfläche um die Achse a, so entsteht ein gerader Kreiskegelstumpf.

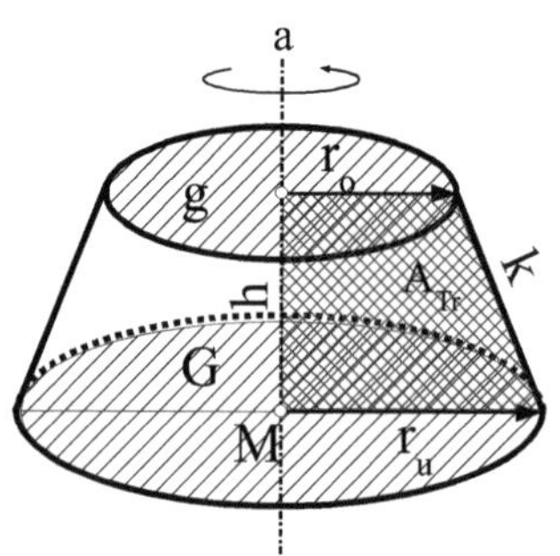

Seitenkante k:

$$k = \sqrt{(r_u - r_o)^2 + h^2}$$

Mantelfläche A_M:

$$A_M = k\,(r_u + r_o) \cdot \pi$$

Mantelfläche
Kegelstumpf

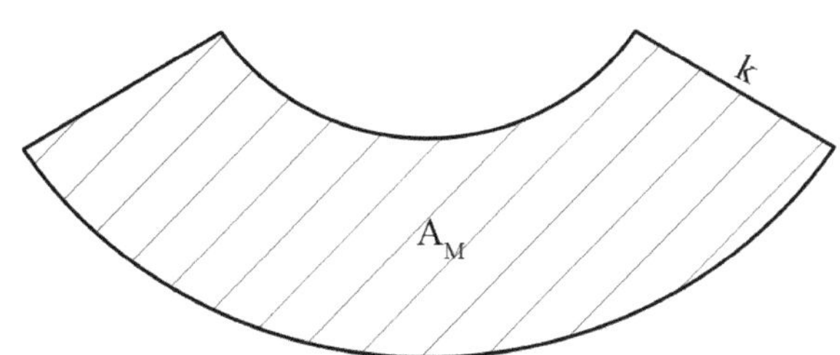

Oberfläche: $$A_{St} = \left(r_u^2 + r_o^2\right)\cdot \pi + A_M$$

Volumen: $$V_{St} = \tfrac{1}{3}\cdot\left(r_u^2 + r_u\cdot r_o + r_o^2\right)\cdot h\cdot\pi$$

Die platonischen Körper:

Der Tetraeder (Vierflächer):

> hat 4 gleichseitige Dreiecksflächen.
> hat 4 Ecken.
> hat 6 Kanten der Länge a.

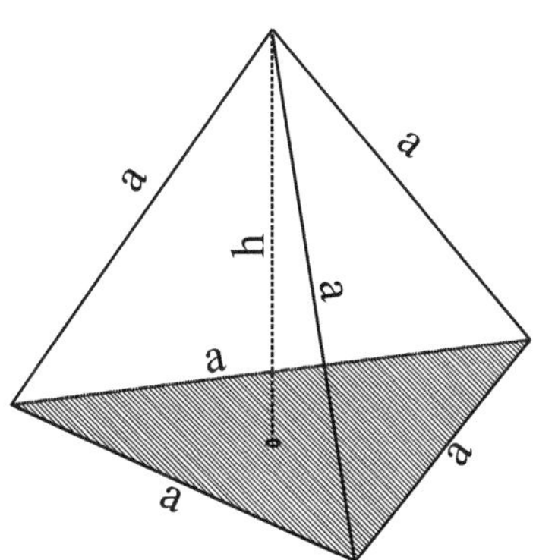

Höhe h: $$h = \tfrac{1}{3}\cdot a\cdot\sqrt{6}$$

Oberfläche: $$A_{Tet} = a^2\cdot\sqrt{3}$$

Volumen: $$V_{Tet} = \tfrac{1}{12}\cdot a^3\cdot\sqrt{2}$$

Der Hexaeder (Sechsflächer):

Siehe Seite 96 der "Würfel".

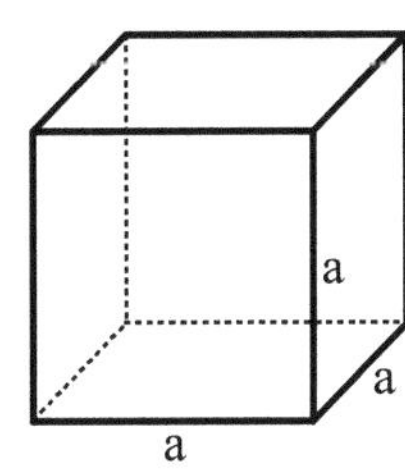

Der Oktaeder (Achtflächer):

- besteht aus 8 gleichseitigen Dreiecksflächen.
- hat 6 Ecken.
- hat 12 gleichlange Kanten a.

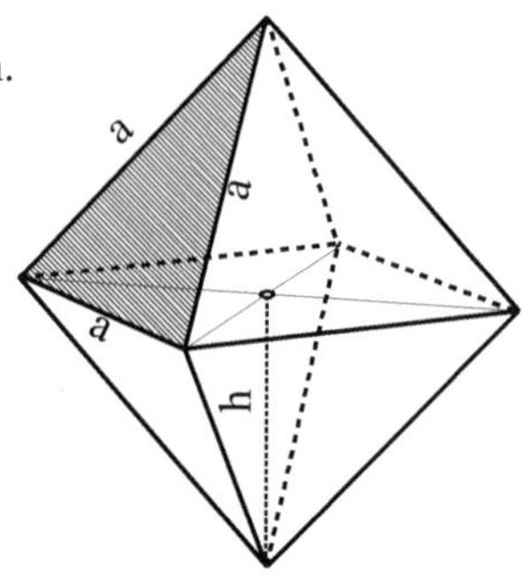

Höhe h:

$$h = \frac{1}{2} \cdot a \cdot \sqrt{2}$$

Oberfläche:

$$A_O = 2 \cdot a^2 \cdot \sqrt{3}$$

Volumen:

$$V = \frac{1}{3} \cdot a^3 \cdot \sqrt{2}$$

Der Dodekaeder (Zwölfflächer):

- besteht aus 12 regelmäßigen Fünfecken.
- hat 20 Ecken und 30 Kanten a.

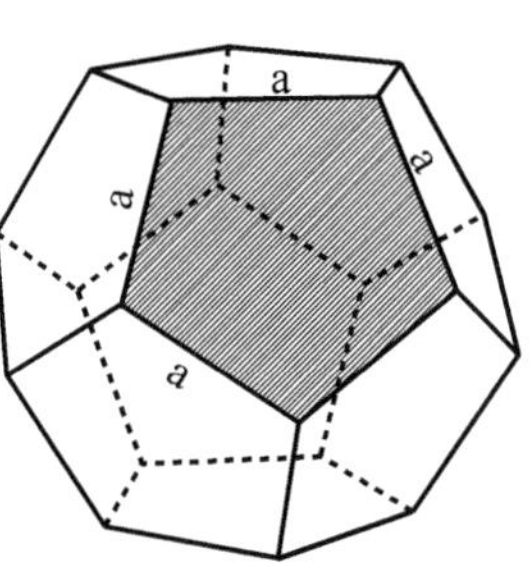

Inkugelradius:

$$r_{in} \approx 1,11352 \cdot a$$

Umkugelradius:

$$r_{um} \approx 1,40126 \cdot a$$

Oberfläche:

$$A_O = 3 \cdot a^2 \cdot \sqrt{25 + 10\sqrt{5}}$$

Volumen:

$$V = \frac{1}{4} \cdot a^3 \cdot \sqrt{15 + 7\sqrt{5}}$$

Der Ikosaeder (Zwanzigflächer):

- besteht aus 20 gleichseitigen Dreiecken.
- hat 12 Ecken und 30 Kanten.

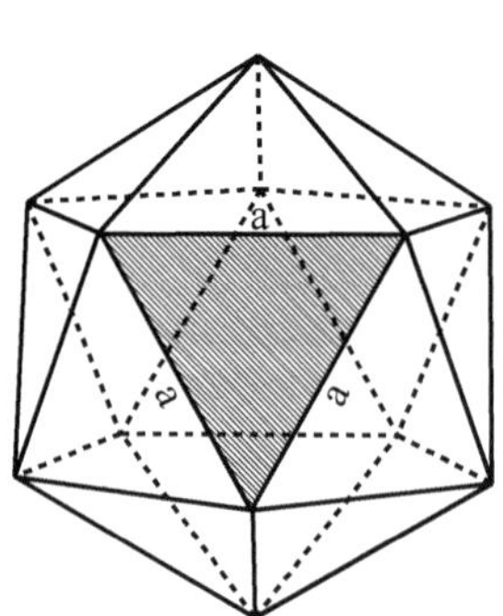

Inkugelradius:

$$r_{in} \approx 0,75576 \cdot a$$

Umkugelradius:

$$r_{um} \approx 0,95106 \cdot a$$

Oberfläche:

$$A_O = 5 \cdot a^2 \cdot \sqrt{3}$$

Volumen:

$$V_{Ik} = \frac{5}{12} \cdot a^3 \cdot \left(3 + \sqrt{5}\right)$$

Die Kugel:

Rotiert eine Halbkreisfläche $A_{\frac{1}{2}K}$ um
die Achse a, so entsteht eine Kugel.

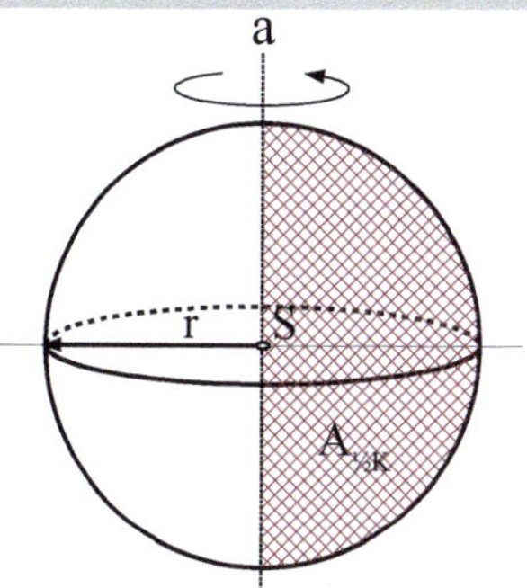

Kugel-Oberfläche: $\boxed{A_{Kug} = 4 \cdot r^2 \cdot \pi}$

Kugel-Volumen: $\boxed{V_{Kug} = \frac{4}{3} \cdot r^3 \cdot \pi}$

Kugelkeil: (Orangenschnitz)

Rotiert eine Halbkreisfläche mit dem Winkel φ
um eine Achse a, so entsteht ein Kugelkeil.

$$\boxed{A_{Kr} = \frac{r^2 \cdot \pi \cdot \varphi^{\circ}}{90^{\circ}} = 2 \cdot r^2 \cdot \varphi^{b}}$$

$$\boxed{A_O = r^2 \cdot \pi \left(1 + \frac{\varphi^{\circ}}{90^{\circ}}\right) = r^2 \left(\pi + 2\,\varphi^{b}\right)}$$

$$\boxed{V_{KK} = \frac{r^3 \cdot \pi \cdot \varphi^{\circ}}{270^{\circ}} = \frac{2}{3} \cdot r^3 \cdot \varphi^{b}} \quad \varphi^{b} = \sphericalangle \text{ im Bogenmaß}$$

Kugelsegment:

Schneidet man waagrecht durch eine Kugel, so erhält man das
Kugelsegment.

Kugelradius: $\boxed{r = a + h = \sqrt{a^2 + b^2}}$

Kugelhaube: $\boxed{A_H = 2\,r\,\pi\,h}$

Segment-Oberfläche: $\boxed{A_{KS} = h\,(4\,r - h)\,\pi}$

Segment-Volumen: $\boxed{V_{KS} = \frac{1}{3}\,h^2\,(3\,r - h)\,\pi}$

Kugelsektor:

Kugelsegment + Kreiskegel
ergibt den Kugelsektor.

Oberfläche:

$$A_{K_{Sek}} = r\left(2\,h + \sqrt{h\,(2\,r - h)}\right)\pi$$

Volumen: $\quad V_{K_{Sek}} = \frac{2}{3}\cdot r^2 \cdot h \cdot \pi$

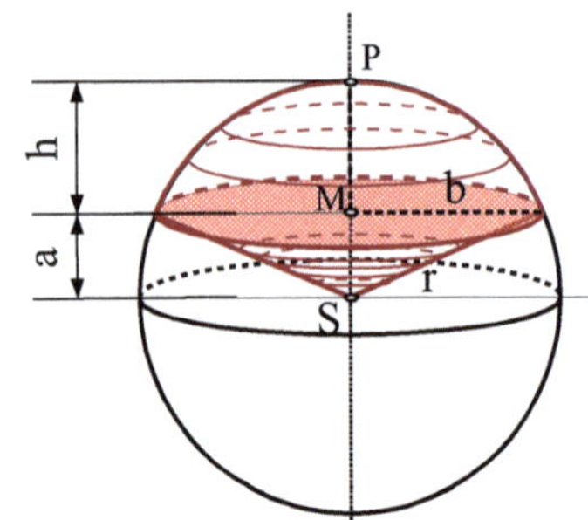

Kugelschicht:

Führt man durch eine Kugel zwei
parallele Schnitte, ergibt sich
die Kugelschicht.

$$r = \sqrt{a_1^{\,2} + b_1^{\,2}} = \sqrt{a_2^{\,2} + b_2^{\,2}}$$

$$h = a_1 + a_2$$

Mantelfläche: $\quad A_M = 2\cdot r \cdot \pi \cdot h$

Oberfläche: $\quad A_{K_{Sch}} = \left(b_1^{\,2} + 2\cdot r \cdot h + b_2^{\,2}\right)\cdot \pi$

Volumen: $\quad V_{K_{Sch}} = \frac{1}{6}\cdot h \cdot \left(3\cdot b_1^{\,2} + h^2 + 3\cdot b_2^{\,2}\right)$

Analytische Geometrie:

Begriffserklärungen:

Skalar:	Maßzahl, Maßeinheit, Zahl

Skalar: Maßzahl, Maßeinheit, Zahl

Vektor: Ein Vektor ist die zeichnerische Darstellung einer Größe und deren Richtung. Vektoren sind frei im Raum verschiebbar.

Spaltenvektor: $\vec{a} = \begin{pmatrix} a_1 \\ a_2 \\ a_3 \end{pmatrix}$ (Vektorschreibweise)

Zeilenvektor: $A(a_1|a_2|a_3)$ (Punktschreibweise)

Nullvektor: besitzt weder Länge noch Richtung. $|\vec{0}| = 0$

Ortsvektor: Beginnt im Ursprung (Ort) und endet im Punkt "P". $\overrightarrow{OP} = \vec{P} = \vec{p}$

Inverser Vektor: Der inverse Vektor oder Gegenvektor, ist der antiparallele Vektor $(-\vec{a})$ zu $\vec{a}$, mit gleicher Länge. $\vec{a} + (-\vec{a}) = \vec{0}$

Summenvektor: Der Summenvektor ist der resultierende Vektor $\vec{R}$ einer Vektoraddition. $\vec{R} = \vec{a}_1 \pm \vec{a}_2 \pm \vec{a}_3 \dotsb \pm \vec{a}_n$

Normalenvektor: Ein auf etwas senkrecht stehender (orthogonaler) Vektor.

Basisvektoren: Einheitsvektoren $\vec{e}_n$, die ein Koordinatensystem festlegen heißen Basisvektoren.

Kollineare Punkte: Drei oder mehr Punkte heißen kollinear, wenn sie alle auf einer Geraden liegen.

Vektorpolygon: Ein Polygonzug aus Vektoren. $\vec{a}_1 \pm \vec{a}_2 \pm \vec{a}_3 \dotsb \pm \vec{a}_n = \vec{0}$

Vektoren im R^2:

Basisvektoren:

Zwei aufeinander senkrecht stehende
"Basisvektoren" der Länge "1"
bilden ein ebenes kartesisches
Koordinatensystem. (kKS).
Jeder <u>Ortsvektor</u> $\vec{P}$ lässt sich
als Linearkombination aus den
Einheitsvektoren $\vec{e}_x$ und $\vec{e}_y$ bilden.

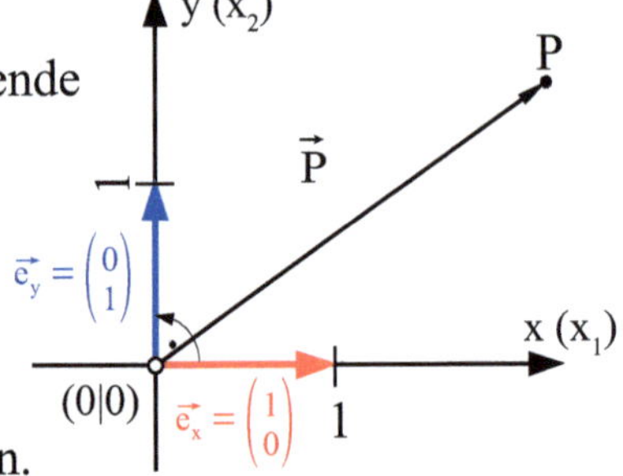

$$\vec{P} = x \cdot \vec{e}_x + y \cdot \vec{e}_y$$

Vektoraddition:

Vektoren werden addiert bzw.
subtrahiert, indem man deren
Komponenten addiert bzw.
subtrahiert.

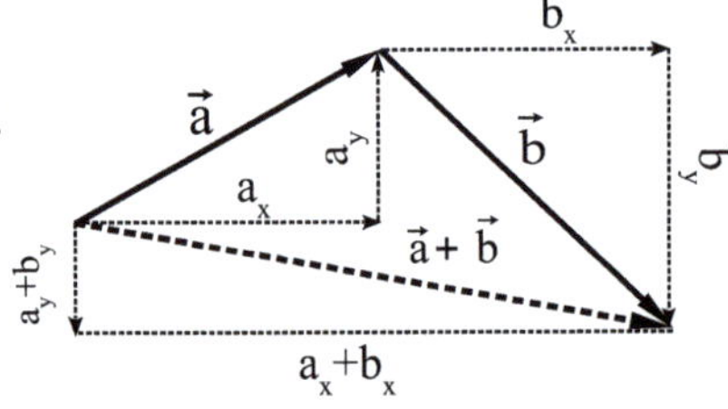

$$\vec{a} + \vec{b} = \begin{pmatrix} a_x \\ a_y \end{pmatrix} + \begin{pmatrix} b_x \\ b_y \end{pmatrix} = \begin{pmatrix} a_x + b_x \\ a_y + b_y \end{pmatrix}$$

Vektoren zwischen Punkten:

$$\vec{A} + \vec{AB} = \vec{B}$$

$$\Rightarrow \vec{AB} = \vec{B} - \vec{A} = \begin{pmatrix} b_x - a_x \\ b_y - a_y \end{pmatrix}$$

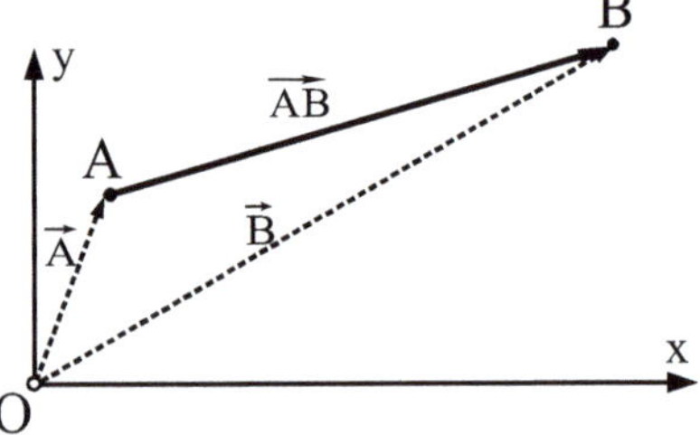

<u>**Merke:**</u> Willst mit nem Vektor kein' Verdruss, rechne Spitze
minus Fuß!

Mittelpunktsvektor einer Strecke [AB]:

$$\boxed{\vec{M} = \tfrac{1}{2}\cdot(\vec{A}+\vec{B})} \quad ; \quad \boxed{\begin{pmatrix} m_x \\ m_y \end{pmatrix} = \frac{1}{2}\cdot\begin{pmatrix} a_x + b_x \\ a_y + b_y \end{pmatrix}}$$

Punktkoordinate: $\boxed{M\left(\dfrac{a_x + b_x}{2} \;\middle|\; \dfrac{a_y + b_y}{2}\right)}$

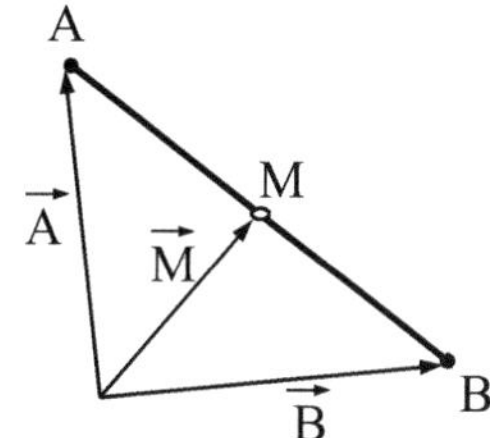

Länge oder Betrag eines Vektors:

$$\boxed{\,|\overrightarrow{AB}| = \overline{AB} = \sqrt{(b_x - a_x)^2 + (b_y - a_y)^2}\,} \quad \text{(Pythagoras!)}$$

$$\boxed{\,|\vec{v}| = v = \sqrt{v_x^2 + v_y^2} = \sqrt{\vec{v}\circ\vec{v}} = \sqrt{\vec{v}^2}\,}$$

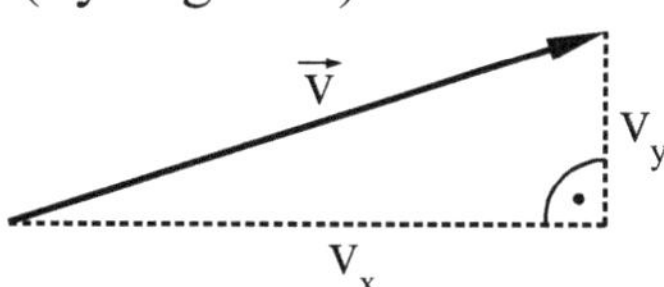

Es gilt:

$$|\vec{a}+\vec{b}| \le |\vec{a}| + |\vec{b}| \quad ; \quad |\lambda\vec{a}| = |\lambda|\cdot|\vec{a}| \quad ; \quad |\vec{a}\circ\vec{b}| \le |\vec{a}|\cdot|\vec{b}|$$

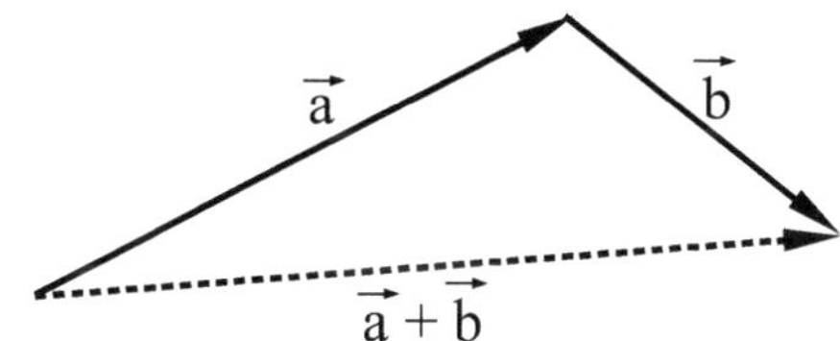

Skalare Multiplikation eines Vektors:

Vektoren können mit einem Skalar (Zahl) multipliziert werden.

Allgemein gilt: $\boxed{\lambda\cdot\vec{a} = \lambda\cdot\begin{pmatrix} a_x \\ a_y \end{pmatrix} = \begin{pmatrix} \lambda\cdot a_x \\ \lambda\cdot a_y \end{pmatrix}}$

Es gilt das Assoziativgesetz: $\boxed{\mu\cdot(\lambda\cdot\vec{a}) = \lambda\cdot(\mu\cdot\vec{a}) = \lambda\cdot\mu\cdot\vec{a}}$

Es gilt das Distributivgesetz: $\boxed{(\lambda+\mu)\cdot\vec{a} = \lambda\cdot\vec{a} + \mu\cdot\vec{a}}$

Linear abhängige (kollineare) Vektoren:

Zwei Vektoren sind linear abhängig bzw. kollinear, wenn der eine Vektor ein Vielfaches des anderen Vektors ist. Die Vektoren sind dann parallel $\vec{a}\uparrow\uparrow\vec{b}$ bzw. antiparallel $\vec{a}\uparrow\downarrow\vec{b}$.

Ansonsten sind die Vektoren linear unabhängig.

Nachweis: $\boxed{\vec{a}=\lambda\cdot\vec{b}}$ bzw. $\boxed{\vec{a}\otimes\vec{b}=\vec{0}}$

Das Skalarprodukt: (Skalar gleich "Zahl")

Das Skalarprodukt zweier Vektoren ist eine reelle Zahl.

$$\boxed{\vec{a}\circ\vec{b} = \begin{pmatrix} a_x \\ a_y \end{pmatrix}\circ\begin{pmatrix} b_x \\ b_y \end{pmatrix} = a_x\cdot b_x + a_y\cdot b_y}$$

Kommutativgesetz: $\quad\vec{a}\circ\vec{b}=\vec{b}\circ\vec{a}$

Assoziativgesetz: $\quad\left(\lambda\,\vec{a}\right)\circ\vec{b}=\lambda\left(\vec{a}\circ\vec{b}\right)$; $\lambda\in\mathbb{R}$.

Distributivgesetz: $\quad\left(\vec{a}+\vec{b}\right)\circ\vec{c}=\vec{a}\circ\vec{c}+\vec{b}\circ\vec{c}$

Orthogonale Vektoren:

Nachweis: $\boxed{\vec{a}\circ\vec{b} = 0 \quad\Rightarrow\quad \vec{a}\perp\vec{b}}$

Die Vektoren $\vec{a}$ und $\vec{b}$ sind zueinander orthogonal (stehen aufeinander senkrecht), wenn deren Skalarprodukt Null ergibt!

Der Einheitsvektor:

Der Einheitsvektor $\vec{a}^{\,0}$ eines Vektors $\vec{a}$ hat die Länge "1"

Herstellen des Einheitsvektors:

$$\boxed{\vec{a}^{\,0} = \frac{1}{|\vec{a}|}\cdot\vec{a}}$$

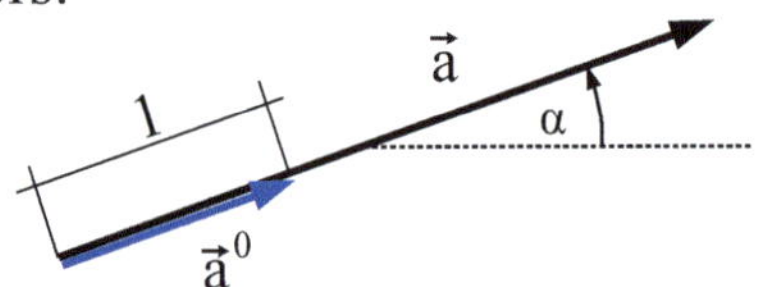

$$\Rightarrow \quad \boxed{\vec{a}^{\,0} = \frac{1}{|\vec{a}|} \cdot \begin{pmatrix} a_x \\ a_y \end{pmatrix}}$$

(Der Einheitsvektor wird auch als normierter Vektor bezeichnet)

Kennt man den Steigungswinkel α des Vektors $\vec{a}$ so gilt:

$$\boxed{\vec{a}^{\,0} = \begin{pmatrix} \cos(\alpha) \\ \sin(\alpha) \end{pmatrix}}$$

$$\boxed{\alpha = \arctan\left(\frac{a_y}{a_x}\right)}$$

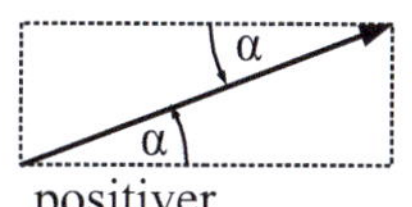

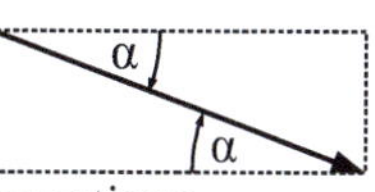

Winkel zwischen zwei Vektoren:

Ist das Skalarprodukt $\vec{a} \circ \vec{b}$ gleich
Null, so ist $\varphi = 90°$ (Merken!!)

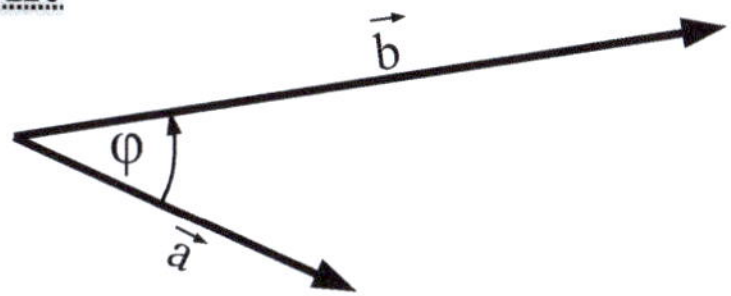

$$\boxed{\cos(\varphi) = \frac{\vec{a} \circ \vec{b}}{|\vec{a}| \cdot |\vec{b}|} = \frac{a_x \cdot b_x + a_y \cdot b_y}{\sqrt{a_x^2 + a_y^2} \cdot \sqrt{b_x^2 + b_y^2}}}$$

Winkelhalbierender Vektor:

$$\boxed{\vec{w} = \vec{a}^{\,0} + \vec{b}^{\,0}}$$

$$\boxed{\vec{w} = \frac{1}{|\vec{a}|} \cdot \vec{a} + \frac{1}{|\vec{b}|} \cdot \vec{b}}$$

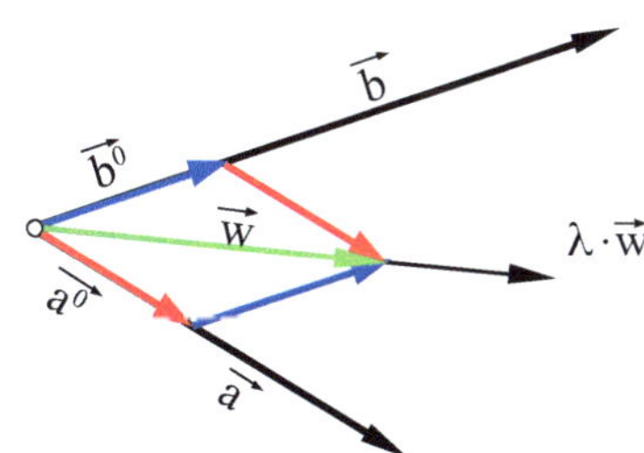

Das Kreuz- oder Vektorprodukt im R^2:

$$\vec{a} \otimes \vec{b} = \begin{pmatrix} a_x \\ a_y \\ 0 \end{pmatrix} \otimes \begin{pmatrix} b_x \\ b_y \\ 0 \end{pmatrix} = \begin{pmatrix} 0 \\ 0 \\ a_x \cdot b_y - a_y \cdot b_x \end{pmatrix}$$

Das Kreuzprodukt $\vec{a} \otimes \vec{b}$ ergibt einen auf der Blattebene senkrecht stehenden Vektor, dessen Länge der von den Vektoren $\vec{a}$ und $\vec{b}$ aufgespannten Parallelogrammfläche entspricht.

$$\vec{a} \otimes \vec{b} = \begin{vmatrix} a_x & b_x \\ a_y & b_y \end{vmatrix} = a_x \cdot b_y - a_y \cdot b_x$$

Parallelogrammfläche:

Erste Möglichkeit:

$$A_P = \begin{vmatrix} u_x & v_x \\ u_y & v_y \end{vmatrix} = \left| u_x \cdot v_y - u_y \cdot v_x \right|$$

Setzt man den Vektor zuerst ein, der linksdrehend die Fläche überstreicht, so erhält man die Fläche als positiven Wert.

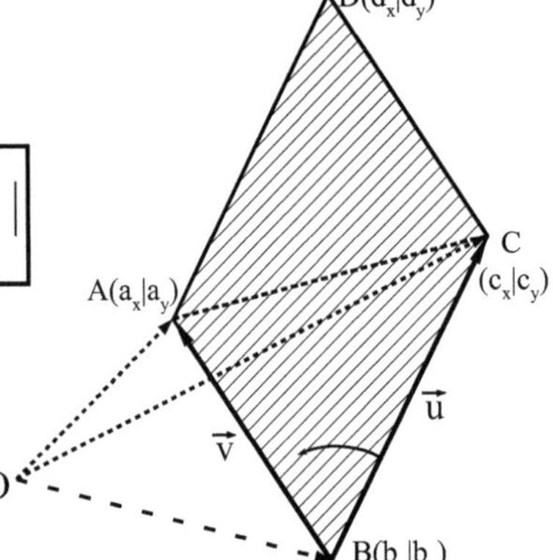

Zweite Möglichkeit:
Über die Koordinaten der Eckpunkte A, B und C.

Matrixform:
$$A_P = \begin{vmatrix} a_x & a_y & 1 \\ b_x & b_y & 1 \\ c_x & c_y & 1 \end{vmatrix}$$
Nach der Regel von Sarrus

erhalten wir:
$$A_P = a_x b_y + a_y c_x + b_x c_y - c_x b_y - c_y a_x - b_x a_y$$

Dreiecksfläche:

Eine Dreiecksfläche ist die Hälfte der Parallelogrammfläche.

$$A_\Delta = \tfrac{1}{2} \cdot A_P \quad ; \quad A_\Delta = \frac{1}{2} \cdot \begin{vmatrix} u_x & v_x \\ u_y & v_y \end{vmatrix} = \frac{1}{2} \cdot \left| u_x \cdot v_y - u_y \cdot v_x \right|$$

<u>**Schwerpunktsvektor eines Dreiecks:**</u> 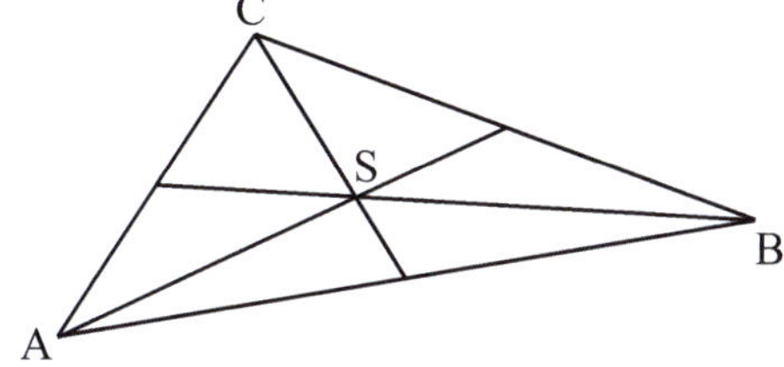

$$\vec{S} = \frac{1}{3} \cdot \left(\vec{A} + \vec{B} + \vec{C} \right)$$

Schwerpunktskoordinaten:

$$S\left(\frac{a_x + b_x + c_x}{3} \,\middle|\, \frac{a_y + b_y + c_y}{3} \right)$$

<u>**Drehung eines Vektors um 90°:**</u>

Gegeben: $\vec{v} = \begin{pmatrix} v_x \\ v_y \end{pmatrix}$

Drehung von $\vec{v}$ um 90° gegen den

Uhrzeigersinn. $\vec{u} = \begin{pmatrix} -v_y \\ v_x \end{pmatrix}$

Drehung von $\vec{v}$ um 90° im Uhrzeigersinn.

$$\vec{w} = \begin{pmatrix} v_y \\ -v_x \end{pmatrix}$$

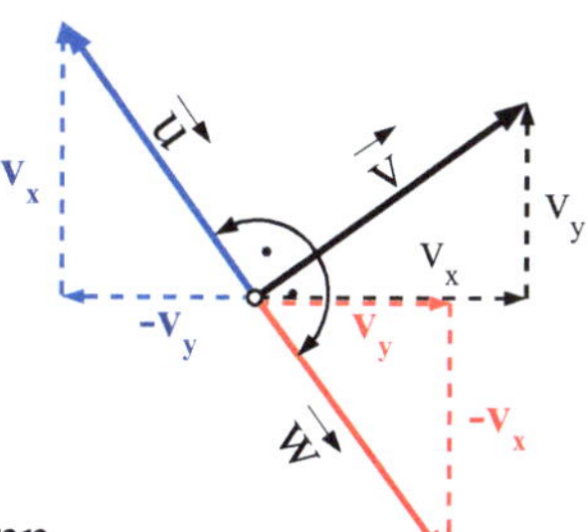

<u>**Senkrechte Projektion eines Vektors:**</u>

Der Vektor $\vec{b_{\vec{a}}}$ ist der senkrechte
Projektionsvektor von Vektor $\vec{b}$
auf den Vektor $\vec{a}$

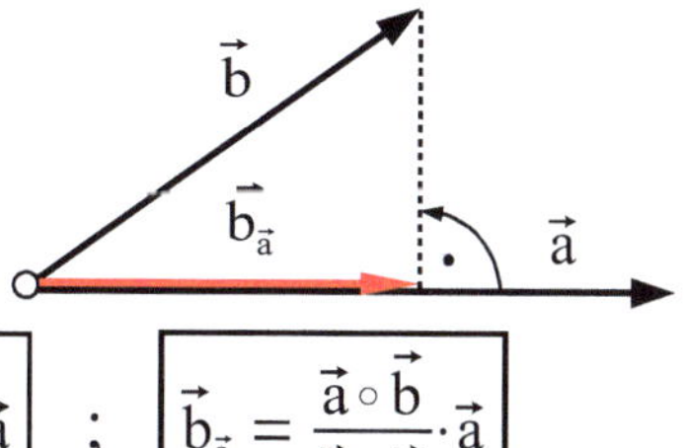

$$\vec{b_{\vec{a}}} = \left(\vec{b} \circ \vec{a}^{\,0} \right) \cdot \vec{a}^{\,0} \quad ; \quad \vec{b_{\vec{a}}} = \frac{\vec{a} \circ \vec{b}}{\left(\vec{a} \right)^2} \cdot \vec{a} \quad ; \quad \vec{b_{\vec{a}}} = \frac{\vec{a} \circ \vec{b}}{\vec{a} \circ \vec{a}} \cdot \vec{a}$$

<u>**Vektorielle Geradengleichung im R^2:**</u>

<u>**Parameterform einer Geraden:**</u>

$\vec{A}$: Orts- bzw. Stützvektor von g

$\vec{r}$: Richtungsvektor von g

$\vec{X}$: Ortsvektor zu einem x-beliebigen
  Punkt X auf g

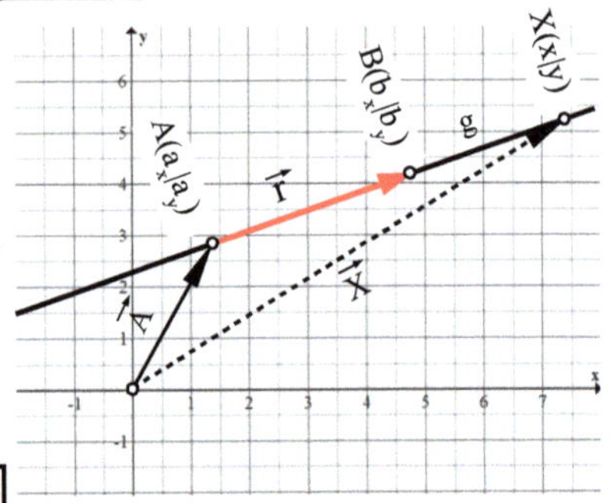

$$\boxed{\vec{X} = \vec{A} + \lambda \cdot (\vec{B} - \vec{A})} \; ; \; \vec{r} = \vec{B} - \vec{A}$$

$$\boxed{\vec{X} = \vec{A} + \lambda \cdot \vec{r}} \qquad \boxed{\vec{X} = \begin{pmatrix} a_x \\ a_y \end{pmatrix} + \lambda \cdot \begin{pmatrix} r_x \\ r_y \end{pmatrix}}$$

<u>**Normalenform einer Geraden:**</u>

$$\boxed{\vec{n} \circ (\vec{X} - \vec{A}) = 0} \; ; \; \vec{r} \circ \vec{n} = 0$$

$$\boxed{\begin{pmatrix} n_x \\ n_y \end{pmatrix} \circ \left[\begin{pmatrix} x \\ y \end{pmatrix} - \begin{pmatrix} a_x \\ a_y \end{pmatrix} \right] = 0}$$

$\vec{n}$ wählen z.B. $\boxed{\vec{n} = \begin{pmatrix} (-1)r_y \\ r_x \end{pmatrix}}$

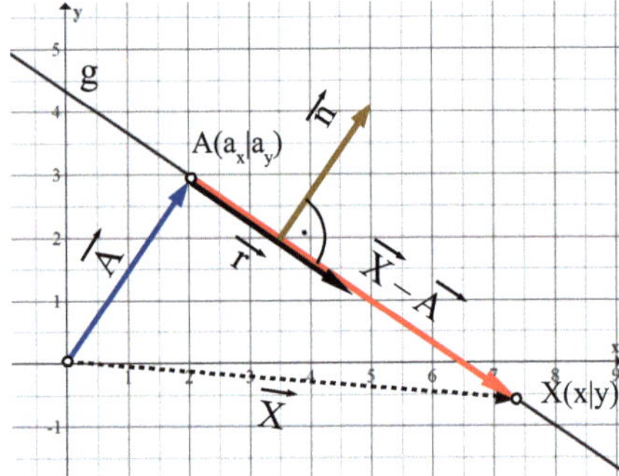

<u>**Koordinatenform einer Geraden:**</u>

Durch auflösen der Normalenform ergibt sich die Koordinatenform.

$$n_x x - n_x a_x + n_y y - n_y a_y = 0 \quad ; \quad n_x x + n_y y - n_x a_x - n_y a_y = 0$$

Wir setzen $-n_x a_x - n_y a_y = n_0$ und erhalten die

Koordinatenform: $\boxed{n_x x + n_y y + n_0 = 0}$

<u>**Die Hessesche Normalenform HNF:**</u>

$$\frac{n_x\, x + n_y\, y + n_0}{\sqrt{n_x^{\,2} + n_y^{\,2}}} = 0$$

(Für eine Gerade nur im $\mathbb{R}^2$ möglich!)

Abstand eines Punktes P zur Geraden g:

(1) HNF Anwenden:
$$d = \frac{\left| n_x\, p_x + n_y\, p_y + n_0 \right|}{\sqrt{n_x^{\,2} + n_y^{\,2}}}$$

(2) Betrag (Länge) des Vektors $\overrightarrow{PX}$ optimieren:

(3) Skalarprodukt bilden: $\boxed{\overrightarrow{PX} \circ \vec{r} = 0}$

(4) Durch senkrechte Projektion:

$$\boxed{\overrightarrow{AP_{\vec{r}}} = \frac{\overrightarrow{AP} \circ \vec{r}}{(\vec{r})^2} \cdot \vec{r}} \quad \Rightarrow \quad \vec{F} = \vec{A} + \overrightarrow{AP_{\vec{r}}} \;; \quad \boxed{d = \left| \overrightarrow{PF} \right|}$$

(5) Über eine Parallelogrammfläche:

$$d = \frac{\left| \vec{r} \otimes \overrightarrow{AP} \right|}{\left| \vec{r} \right|} = \frac{\left| \begin{matrix} r_x & (p_x - a_x) \\ r_y & (p_y - a_y) \end{matrix} \right|}{\sqrt{r_x^{\,2} + r_y^{\,2}}} = \frac{\left| r_x \cdot (p_y - a_y) - r_y \cdot (p_x - a_y) \right|}{\sqrt{r_x^{\,2} + r_y^{\,2}}}$$

<u>**Schnittwinkel zweier Geraden g und h:**</u>

$$\cos(\varphi) = \frac{\vec{r}_g \circ \vec{r}_h}{|\vec{r}_g| \cdot |\vec{r}_h|}$$

$$\cos(\varphi) = \frac{\vec{n}_g \circ \vec{n}_h}{|\vec{n}_g| \cdot |\vec{n}_h|}$$

$$\varphi^* = 180° - \varphi$$

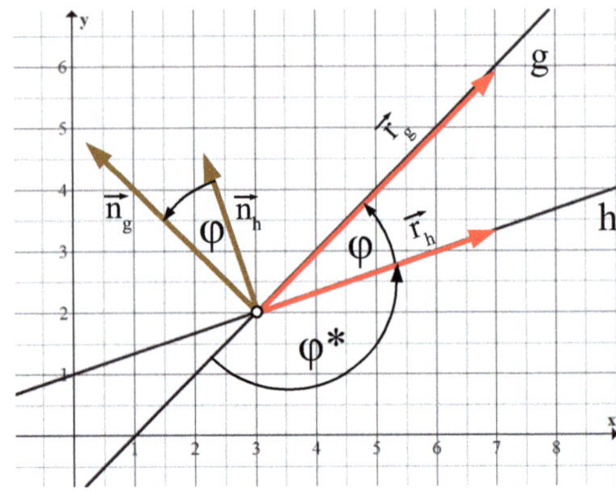

<u>**Die Kreisgleichung:**</u>

(x beliebiger Punkt auf k)

$$\left(\vec{X} - \vec{M}\right)^2 = \left(\vec{r}\right)^2$$

$$\left(\vec{X} - \vec{M}\right) \circ \left(\vec{X} - \vec{M}\right) = \vec{r} \circ \vec{r}$$

$$\left(x - m_x\right)^2 + \left(y - m_y\right)^2 = r^2$$

r = Kreisradius

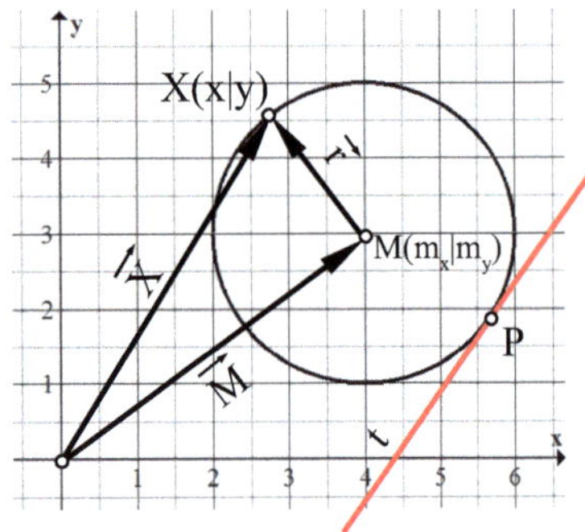

<u>**Tangentengleichung an den Kreis-Punkt P:**</u>

$$t: \left(p_x - m_x\right)\left(x - m_x\right) + \left(p_y - m_y\right)\left(y - m_y\right) = r^2$$

oder $\quad t: \ \vec{PM} \circ \left(\vec{X} - \vec{P}\right) = 0$

(x beliebiger Punkt auf t)

Abbildungen in der Ebene:

Die Scherung: (mit der x-Achse als Affinitätsachse)

a) *Scherung eines Punktes*

Abbildungsvorschrift:

$$P \xmapsto{\ \text{x-Achse, } \varphi\ } P'$$

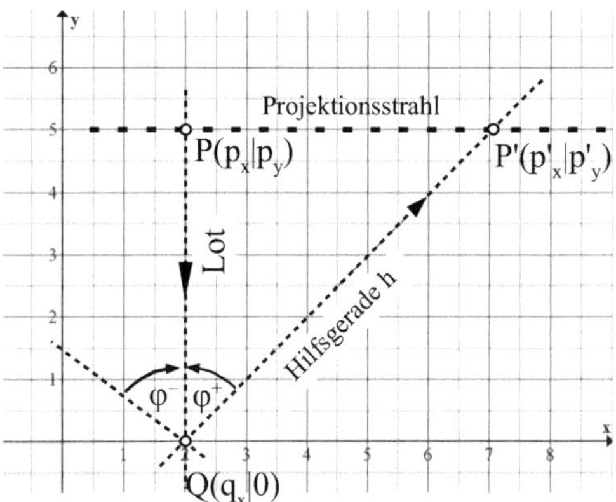

Vektorform:

$$\vec{P}' = p_x \cdot \begin{pmatrix} 1 \\ 0 \end{pmatrix} + p_y \cdot \begin{pmatrix} \tan(\varphi) \\ 1 \end{pmatrix}$$

Matrixform:

$$\begin{pmatrix} p'_x \\ p'_y \end{pmatrix} = \begin{pmatrix} 1 & \tan(\varphi) \\ 0 & 1 \end{pmatrix} \circ \begin{pmatrix} p_x \\ p_y \end{pmatrix}$$

Koordinatenform:

$$\begin{aligned} p'_x &= p_x + \tan(\varphi) \cdot p_y \\ p'_y &= p_y \end{aligned} \qquad P'(p'_x \mid p'_y)$$

b) *Scherung einer Funktion*

Abbildungsvorschrift: $\quad y = f(x) \xmapsto{\ \text{x-Achse , } \varphi\ } f(x)'$

Vektorform:

$$\vec{f}' = \begin{pmatrix} x' \\ y' \end{pmatrix} = x \cdot \begin{pmatrix} 1 \\ 0 \end{pmatrix} + f(x) \cdot \begin{pmatrix} \tan(\varphi) \\ 1 \end{pmatrix}$$

Matrixform:

$$\begin{pmatrix} x' \\ y' \end{pmatrix} = \begin{pmatrix} 1 & \tan(\varphi) \\ 0 & 1 \end{pmatrix} \circ \begin{pmatrix} x \\ f(x) \end{pmatrix}$$

Koordinatenform:

$$x' = x + \tan(\varphi) \cdot f(x)$$
$$y' = f(x)$$

> ➢ Fixpunkte sind die Nullstellen der Funktion f(x)

Die Zentrische Streckung:

a) *Zentrische Streckung eines Punktes*

Abbildungsvorschrift:

$$P \xrightarrow{\;Z\,;\,k\;} P'$$

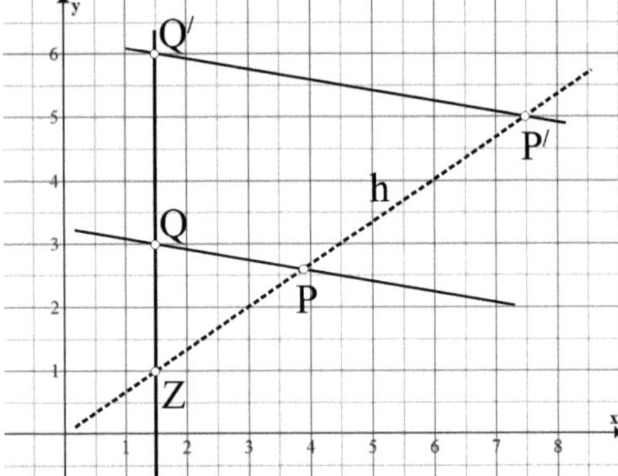

Streckungsfaktor k:

$$k = \frac{\overline{ZQ'}}{\overline{ZQ}}$$

Vektorform:

$$\overrightarrow{ZP'} = k \cdot \overrightarrow{ZP} \quad ; \quad \begin{pmatrix} p'_x - z_x \\ p'_y - z_y \end{pmatrix} = k \cdot \begin{pmatrix} p_x - z_x \\ p_y - z_y \end{pmatrix}$$

Matrixform:

$$\begin{pmatrix} p'_x \\ p'_y \end{pmatrix} = \begin{pmatrix} k & 0 \\ 0 & k \end{pmatrix} \circ \begin{pmatrix} p_x \\ p_y \end{pmatrix} + (1-k) \cdot \begin{pmatrix} z_x \\ z_y \end{pmatrix}$$

Koordinatenform:

$$p'_x = k \cdot p_x + (1-k) \cdot z_x$$
$$p'_y = k \cdot p_y + (1-k) \cdot z_y$$

Merke:

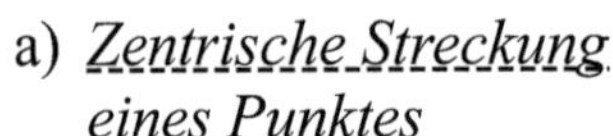

$$\Rightarrow k > 0$$

$$\Rightarrow 0 < k < 1$$

$$\Rightarrow k < 0$$

b) *Zentrische Streckung einer Funktion:*

Vektorform:
$$\begin{pmatrix} x' \\ y' \end{pmatrix} = k \cdot \begin{pmatrix} x - z_x \\ f(x) - z_y \end{pmatrix} + \begin{pmatrix} z_x \\ z_y \end{pmatrix}$$

Matrixform:
$$\begin{pmatrix} x' \\ y' \end{pmatrix} = \begin{pmatrix} k & 0 \\ 0 & k \end{pmatrix} \circ \begin{pmatrix} x \\ f(x) \end{pmatrix} + (1-k) \cdot \begin{pmatrix} z_x \\ z_y \end{pmatrix}$$

Koordinatenform:
$$x' = k \cdot x + (1-k) \cdot z_x$$
$$y' = k \cdot f(x) + (1-k) \cdot z_y$$

Drehung eines Vektors um seinen Fußpunkt:

Abbildungsvorschrift:
$$\vec{u} = \overrightarrow{AB} \xmapsto{\;\varphi\;} \vec{u}' = \overrightarrow{AB}'$$

Linksdrehende Winkel sind positiv,
rechtsdrehende negativ einzusetzen!

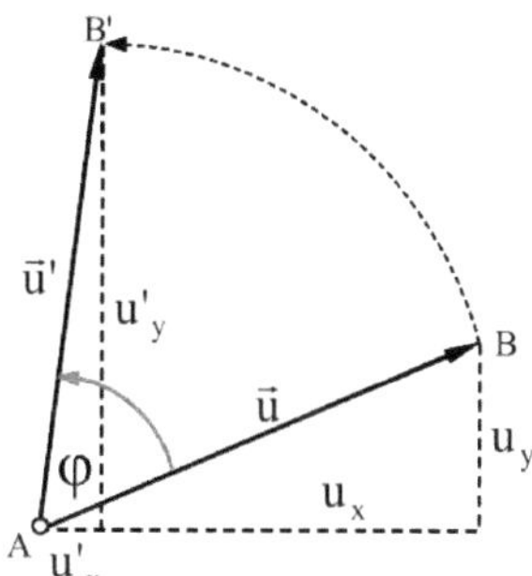

Vektorform:
$$\overrightarrow{AB}' = \vec{u}' = \begin{pmatrix} u'_x \\ u'_y \end{pmatrix} = u_x \cdot \begin{pmatrix} \cos(\varphi) \\ \sin(\varphi) \end{pmatrix} + u_y \cdot \begin{pmatrix} -\sin(\varphi) \\ \cos(\varphi) \end{pmatrix}$$

Matrixform:
$$\overrightarrow{AB}' = \vec{u}' = \begin{pmatrix} u'_x \\ u'_y \end{pmatrix} = \begin{pmatrix} \cos(\varphi) & -\sin(\varphi) \\ \sin(\varphi) & \cos(\varphi) \end{pmatrix} \circ \begin{pmatrix} u_x \\ u_y \end{pmatrix}$$

Koordinatenform:
$$u'_x = \cos(\varphi) \cdot u_x - \sin(\varphi) \cdot u_y$$
$$u'_y = \sin(\varphi) \cdot u_x + \cos(\varphi) \cdot u_y$$

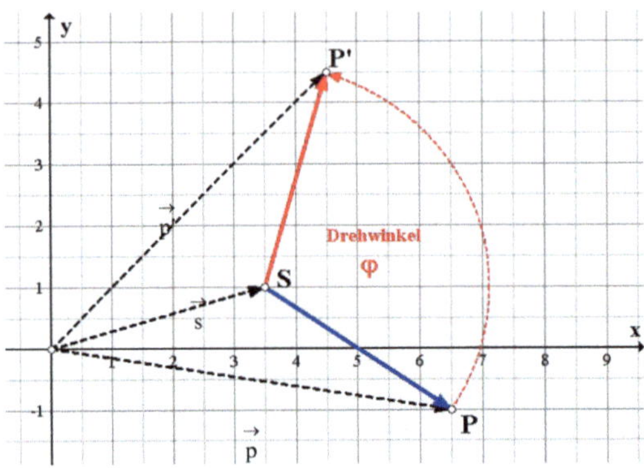

Abbildungsvorschrift: $P \xmapsto{\ S(s_x|s_y)\ ;\ \varphi\ } P'$

__Vektorform:__

$$\vec{P'} = \begin{pmatrix} p'_x \\ p'_y \end{pmatrix} = (p_x - s_x) \cdot \begin{pmatrix} \cos(\varphi) \\ \sin(\varphi) \end{pmatrix} + (p_y - s_y) \cdot \begin{pmatrix} -\sin(\varphi) \\ \cos(\varphi) \end{pmatrix} + \begin{pmatrix} s_x \\ s_y \end{pmatrix}$$

__Matrixform:__
$$\vec{P'} = \begin{pmatrix} p'_x \\ p'_y \end{pmatrix} = \begin{pmatrix} \cos(\varphi) & -\sin(\varphi) \\ \sin(\varphi) & \cos(\varphi) \end{pmatrix} \circ \begin{pmatrix} p_x - s_x \\ p_y - s_y \end{pmatrix} + \begin{pmatrix} s_x \\ s_y \end{pmatrix}$$

__Koordinatenform:__
$$p'_x = \cos(\varphi) \cdot (p_x - s_x) - \sin(\varphi) \cdot (p_y - s_y) + s_x$$
$$p'_y = \sin(\varphi) \cdot (p_x - s_x) + \cos(\varphi) \cdot (p_y - s_y) + s_y$$

__Die Drehstreckung:__

Abbildungsvorschrift: $P \xmapsto{\ S(s_x|s_y)\ ;\ \varphi\ ;\ k\ } P'$

__Vektorform:__

$$\vec{P'} = \begin{pmatrix} p'_x \\ p'_y \end{pmatrix} = (p_x - s_x) \cdot \begin{pmatrix} k \cdot \cos(\varphi) \\ k \cdot \sin(\varphi) \end{pmatrix} + (p_y - s_y) \cdot \begin{pmatrix} -k \cdot \sin(\varphi) \\ k \cdot \cos(\varphi) \end{pmatrix} + \begin{pmatrix} s_x \\ s_y \end{pmatrix}$$

Matrixform:

$$\vec{P}' = \begin{pmatrix} p'_x \\ p'_y \end{pmatrix} = \begin{pmatrix} k \cdot \cos(\varphi) & -k \cdot \sin(\varphi) \\ k \cdot \sin(\varphi) & k \cdot \cos(\varphi) \end{pmatrix} \circ \begin{pmatrix} p_x - s_x \\ p_y - s_y \end{pmatrix} + \begin{pmatrix} s_x \\ s_y \end{pmatrix}$$

Koordinatenform:

$$p'_x = k \cdot \cos(\varphi) \cdot (p_x - s_x) - k \cdot \sin(\varphi) \cdot (p_y - s_y) + s_x$$
$$p'_y = k \cdot \sin(\varphi) \cdot (p_x - s_x) + k \cdot \cos(\varphi) \cdot (p_y - s_y) + s_y$$

Die Achsenspiegelung:
a) Spiegelachse ist die x-Achse

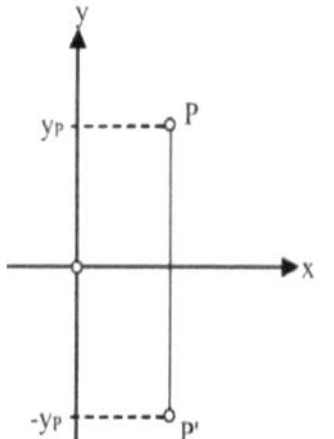

Abbildungsvorschrift Punkt:

$$P(p_x | p_y) \xmapsto{\text{x-Achse}} P'(p'_x | p'_y)$$

Vektorform:

$$\vec{P}' = \begin{pmatrix} p'_x \\ p'_y \end{pmatrix} = p_x \begin{pmatrix} 1 \\ 0 \end{pmatrix} + p_y \begin{pmatrix} 0 \\ -1 \end{pmatrix}$$

Matrixform:

$$\vec{P}' = \begin{pmatrix} p'_x \\ p'_y \end{pmatrix} = \begin{pmatrix} 1 & 0 \\ 0 & -1 \end{pmatrix} \circ \begin{pmatrix} p_x \\ p_y \end{pmatrix}$$

Koordinatenform:

$$p'_x = p_x$$
$$p'_y = -p_y$$

Abbildungsvorschrift Funktion: $y \xmapsto{\text{x-Achse}} y'$

Vektorform:

$$\begin{pmatrix} x' \\ y' \end{pmatrix} = x \cdot \begin{pmatrix} 1 \\ 0 \end{pmatrix} + f(x) \cdot \begin{pmatrix} 0 \\ -1 \end{pmatrix}$$

Matrixform:

$$\begin{pmatrix} x' \\ y' \end{pmatrix} = \begin{pmatrix} 1 & 0 \\ 0 & -1 \end{pmatrix} \circ \begin{pmatrix} x \\ f(x) \end{pmatrix}$$

Koordinatenform:

$$x' = x$$
$$y' = -f(x)$$

b) Spiegelachse ist die y-Achse:

Abbildungsvorschrift Punkt:

$$P(p_x|p_y) \xrightarrow{\text{y-Achse}} P'(p_x'|p_y')$$

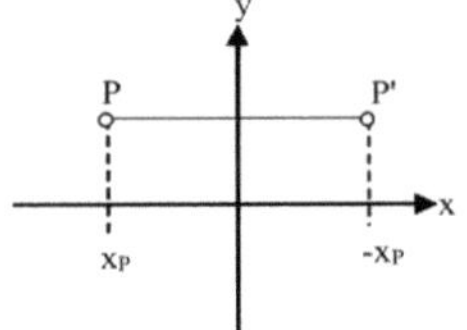

Vektorform:

$$\vec{P'} = \begin{pmatrix} p_x' \\ p_y' \end{pmatrix} = p_x \begin{pmatrix} -1 \\ 0 \end{pmatrix} + p_y \begin{pmatrix} 0 \\ 1 \end{pmatrix}$$

Matrixform:

$$\vec{P'} = \begin{pmatrix} p_x' \\ p_y' \end{pmatrix} = \begin{pmatrix} -1 & 0 \\ 0 & 1 \end{pmatrix} \circ \begin{pmatrix} p_x \\ p_y \end{pmatrix}$$

Koordinatenform:

$$p_x' = -p_x$$
$$p_y' = p_y$$

Abbildungsvorschrift Funktion: $y = f(x) \xrightarrow{\text{y-Achse}} y'$

Vektorform:

$$\begin{pmatrix} x' \\ y' \end{pmatrix} = x \cdot \begin{pmatrix} -1 \\ 0 \end{pmatrix} + f(-x) \cdot \begin{pmatrix} 0 \\ 1 \end{pmatrix}$$

Matrixform:

$$\begin{pmatrix} x' \\ y' \end{pmatrix} = \begin{pmatrix} -1 & 0 \\ 0 & 1 \end{pmatrix} \circ \begin{pmatrix} x \\ f(-x) \end{pmatrix}$$

Koordinatenform:

$$x' = -x$$
$$y' = f(-x)$$

c) Spiegelachse mit y = mx + t:

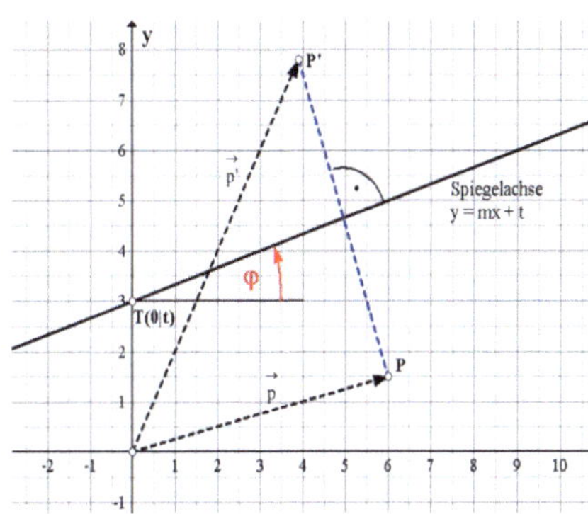

Spiegeln eines Punktes.

Abbildungsvorschrift:

$$P(p_x|p_y) \xrightarrow{\;y=mx+t\;} P'(p'_x|p'_y)$$

mit $\boxed{\varphi = \arctan(m)}$

TR: $\arctan \triangleq \tan^{-1}$

Vektorform:

$$\vec{P}' = \begin{pmatrix} p'_x \\ p'_y \end{pmatrix} = p_x \cdot \begin{pmatrix} \cos(2\varphi) \\ \sin(2\varphi) \end{pmatrix} + (p_y - t) \cdot \begin{pmatrix} \sin(2\varphi) \\ -\cos(2\varphi) \end{pmatrix} + \begin{pmatrix} 0 \\ t \end{pmatrix}$$

Matrixform:

$$\vec{P}' = \begin{pmatrix} p'_x \\ p'_y \end{pmatrix} = \begin{pmatrix} \cos(2\varphi) & \sin(2\varphi) \\ \sin(2\varphi) & -\cos(2\varphi) \end{pmatrix} \circ \begin{pmatrix} p_x \\ p_y - t \end{pmatrix} + \begin{pmatrix} 0 \\ t \end{pmatrix}$$

Koordinatenform:

$$p'_x = \cos(2\varphi) \cdot p_x + \sin(2\varphi) \cdot (p_y - t) + 0$$
$$p'_y = \sin(2\varphi) \cdot p_x - \cos(2\varphi) \cdot (p_y - t) + t$$

Spiegeln einer Funktion.

Vektorform:

$$\begin{pmatrix} x' \\ y' \end{pmatrix} = x \cdot \begin{pmatrix} \cos(2\varphi) \\ \sin(2\varphi) \end{pmatrix} + (f(x) - t) \cdot \begin{pmatrix} \sin(2\varphi) \\ -\cos(2\varphi) \end{pmatrix} + \begin{pmatrix} 0 \\ t \end{pmatrix}$$

Matrixform:

$$\begin{pmatrix} x' \\ y' \end{pmatrix} = \begin{pmatrix} \cos(2\varphi) & \sin(2\varphi) \\ \sin(2\varphi) & -\cos(2\varphi) \end{pmatrix} \circ \begin{pmatrix} x \\ f(x) - t \end{pmatrix} + \begin{pmatrix} 0 \\ t \end{pmatrix}$$

Koordinatenform:
$$x' = \cos(2\varphi)\cdot x + \sin(2\varphi)\cdot(f(x)-t)$$
$$y' = \sin(2\varphi)\cdot x - \cos(2\varphi)\cdot(f(x)-t)+ t$$

Die Punktspiegelung:
a) Punktspiegeln am Ursprung:

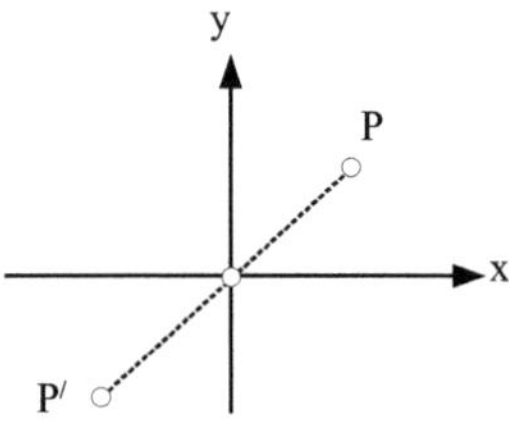

Spiegeln eines Punktes.

Abbildungsvorschrift:

$$P \xmapsto{\ O(0|0)\ } P'$$

Vektorform:
$$\vec{P}' = \begin{pmatrix} p'_x \\ p'_y \end{pmatrix} = p_x \begin{pmatrix} -1 \\ 0 \end{pmatrix} + p_y \begin{pmatrix} 0 \\ -1 \end{pmatrix}$$

Matrixform:
$$\vec{P}' = \begin{pmatrix} p'_x \\ p'_y \end{pmatrix} = \begin{pmatrix} -1 & 0 \\ 0 & -1 \end{pmatrix} \circ \begin{pmatrix} p_x \\ p_y \end{pmatrix}$$

Koordinatenform:
$$p'_x = -p_x$$
$$p'_y = -p_y$$

Spiegeln einer Funktion.

Abbildungsvorschrift: $\quad y = f(x) \xmapsto{\ O(0|0)\ } y'$

Vektorform:
$$\begin{pmatrix} x' \\ y' \end{pmatrix} = x\cdot \begin{pmatrix} -1 \\ 0 \end{pmatrix} + f(-x)\cdot \begin{pmatrix} 0 \\ -1 \end{pmatrix}$$

Matrixform:
$$\begin{pmatrix} x' \\ y' \end{pmatrix} = \begin{pmatrix} -1 & 0 \\ 0 & -1 \end{pmatrix} \circ \begin{pmatrix} x \\ f(-x) \end{pmatrix}$$

Koordinatenform:
$$x' = -x$$
$$y' = -f(-x)$$

b) Spiegeln an einem beliebigen Punkt S:

Spiegeln eines Punktes.

Abbildungsvorschrift:

$$P \xmapsto{\ S(s_x|s_y)\ } P'$$

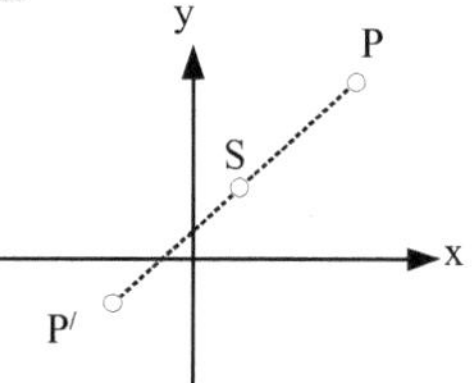

Vektorform:
$$\vec{P}' = \begin{pmatrix} p_x' \\ p_y' \end{pmatrix} = p_x \cdot \begin{pmatrix} -1 \\ 0 \end{pmatrix} + p_y \cdot \begin{pmatrix} 0 \\ -1 \end{pmatrix} + 2 \cdot \begin{pmatrix} s_x \\ s_y \end{pmatrix}$$

Matrixform:
$$\vec{P}' = \begin{pmatrix} p_x' \\ p_y' \end{pmatrix} = \begin{pmatrix} -1 & 0 \\ 0 & -1 \end{pmatrix} \circ \begin{pmatrix} p_x \\ p_y \end{pmatrix} + 2 \cdot \begin{pmatrix} s_x \\ s_y \end{pmatrix}$$

Koordinatenform:
$$p_x' = -p_x + 2\,s_x$$
$$p_y' = -p_y + 2\,s_y$$

Spiegeln einer Funktion.

Abbildungsvorschrift: $\qquad y = f(x) \xmapsto{\ S(s_x|s_y)\ } y'$

Vektorform:
$$\begin{pmatrix} x' \\ y' \end{pmatrix} = x \cdot \begin{pmatrix} -1 \\ 0 \end{pmatrix} + f(x) \cdot \begin{pmatrix} 0 \\ -1 \end{pmatrix} + 2 \cdot \begin{pmatrix} s_x \\ s_y \end{pmatrix}$$

Matrixform:
$$\begin{pmatrix} x' \\ y' \end{pmatrix} = \begin{pmatrix} -1 & 0 \\ 0 & -1 \end{pmatrix} \circ \begin{pmatrix} x \\ f(x) \end{pmatrix} + 2 \cdot \begin{pmatrix} s_x \\ s_y \end{pmatrix}$$

Koordinatenform:
$$x' = -x + 2\,s_x$$
$$y' = -f\left(2\,s_x - x'\right) + 2\,s_y$$

Bereits umgestellt und eingesetzt.

Die Vektorverschiebung:

Verschieben von Punkten.

Abbildungsvorschrift:

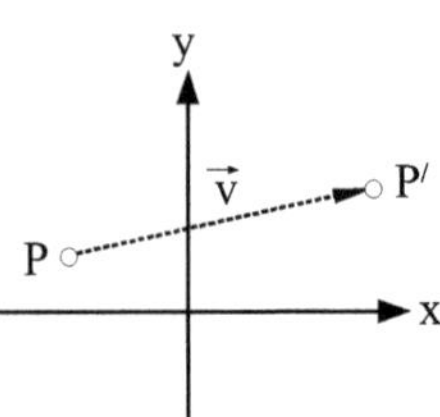

$$P \xmapsto{\ \vec{v}=\begin{pmatrix} v_x \\ v_y \end{pmatrix}\ } P'$$

Vektorform:
$$\vec{P}' = \begin{pmatrix} p'_x \\ p'_y \end{pmatrix} = p_x \cdot \begin{pmatrix} 1 \\ 0 \end{pmatrix} + p_y \cdot \begin{pmatrix} 0 \\ 1 \end{pmatrix} + \begin{pmatrix} v_x \\ v_y \end{pmatrix}$$

Matrixform:
$$\vec{P}' = \begin{pmatrix} p'_x \\ p'_y \end{pmatrix} = \begin{pmatrix} 1 & 0 \\ 0 & 1 \end{pmatrix} \circ \begin{pmatrix} p_x \\ p_y \end{pmatrix} + \begin{pmatrix} v_x \\ v_y \end{pmatrix}$$

Koordinatenform:
$$p'_x = p_x + v_x$$
$$p'_y = p_y + v_y$$

Verschieben einer Funktion.

Abbildungsvorschrift:
$$y = f(x) \xmapsto{\ \vec{v}=\begin{pmatrix} v_x \\ v_y \end{pmatrix}\ } y'$$

Vektorform:
$$\begin{pmatrix} x' \\ y' \end{pmatrix} = x \cdot \begin{pmatrix} 1 \\ 0 \end{pmatrix} + f(x) \cdot \begin{pmatrix} 0 \\ 1 \end{pmatrix} + \begin{pmatrix} v_x \\ v_y \end{pmatrix}$$

Matrixform:
$$\begin{pmatrix} x' \\ y' \end{pmatrix} = \begin{pmatrix} 1 & 0 \\ 0 & 1 \end{pmatrix} \circ \begin{pmatrix} x \\ f(x) \end{pmatrix} + \begin{pmatrix} v_x \\ v_y \end{pmatrix}$$

Koordinatenform:
$$x' = x + v_x$$
$$y' = f(x' - v_x) + v_y$$

Bereits umgestellt und eingesetzt.

Die orthogonale Affinität: (Mit der x-Achse als Affinitätsachse)

Anwendung auf Punkte – Abbildungsvorschrift: $P \xmapsto{\;y=0\,;\,k\;} P'$

Affinitätsfaktor: $\boxed{k = \dfrac{\overline{QP'}}{\overline{QP}}}$; $\boxed{\overrightarrow{QP'} = k \cdot \overrightarrow{QP}}$

Vektorform: $\boxed{\vec{P}' = \begin{pmatrix} p'_x \\ p'_y \end{pmatrix} = p_x \begin{pmatrix} 1 \\ 0 \end{pmatrix} + p_y \begin{pmatrix} 0 \\ k \end{pmatrix}}$

Matrixform: $\boxed{\vec{P}' = \begin{pmatrix} p'_x \\ p'_y \end{pmatrix} = \begin{pmatrix} 1 & 0 \\ 0 & k \end{pmatrix} \circ \begin{pmatrix} p_x \\ p_y \end{pmatrix}}$

Koordinatenform: $\boxed{\begin{aligned} p'_x &= p_x \\ p'_y &= k \cdot p_y \end{aligned}}$

Anwendung auf Funktionen.

Abbildungsvorschrift: $y = f(x) \xmapsto{\;y=0\,;\,k\;} y'$

Vektorform: $\boxed{\begin{pmatrix} x' \\ y' \end{pmatrix} = x \begin{pmatrix} 1 \\ 0 \end{pmatrix} + f(x) \begin{pmatrix} 0 \\ k \end{pmatrix}}$

Matrixform: $\boxed{\begin{pmatrix} x' \\ y' \end{pmatrix} = \begin{pmatrix} 1 & 0 \\ 0 & k \end{pmatrix} \circ \begin{pmatrix} x \\ f(x) \end{pmatrix}}$

Koordinatenform: $\boxed{\begin{aligned} x' &= x \\ y' &= k \cdot f(x) \end{aligned}}$

Fixpunkte sind die Punkte, die durch eine beliebig vorgenommene Abbildung weder gedreht noch gestreckt noch verschoben werden.

Es muss also gelten: $\quad \boxed{\begin{aligned} x' &= x \\ y' &= y \end{aligned}}$

$$\boxed{\begin{pmatrix} x' \\ y' \end{pmatrix} = \begin{pmatrix} a & b \\ c & d \end{pmatrix} \circ \begin{pmatrix} x \\ y \end{pmatrix}} \quad ; \quad \boxed{\text{I} \quad y = \left(\frac{1-a}{b} \right) \cdot x} \; ; \text{ für } b \neq 0$$

Abbildungsmatrix

$$\boxed{\text{II} \quad y = \left(\frac{c}{1-d} \right) \cdot x} \; ; \text{ für } d \neq 1$$

Ist das Gl.Sys. lösbar, so erzeugt die Abbildung Fixpunkte.

Bei Funktionen setzt man Funktion und Abbildung gleich.

$\boxed{y = y'}$ Hat die Gleichung Lösungen, so gibt es Fixpunkte.

Vektorrechnung im R^3:

Linear abhängige (komplanare) Vektoren:

DREI Vektoren sind linear abhängig bzw. komplanar, wenn sie
alle in einer Ebene liegen.

Nachweis: 1.) $\boxed{\vec{a} = \lambda \cdot \vec{b} + \mu \cdot \vec{c}}$

2.) $\boxed{\vec{a} \circ (\vec{b} \otimes \vec{c}) = 0}$ Das Spatprodukt ist Null.

Die Basisvektoren des R^3:

$$\boxed{\vec{e_1} = \begin{pmatrix} 1 \\ 0 \\ 0 \end{pmatrix}} \quad ; \quad \boxed{\vec{e_2} = \begin{pmatrix} 0 \\ 1 \\ 0 \end{pmatrix}} \quad ; \quad \boxed{\vec{e_3} = \begin{pmatrix} 0 \\ 0 \\ 1 \end{pmatrix}}$$

Die Basisvektoren stehen
paarweise senkrecht auf-
einander und bilden so
ein kartesisches
Koordinatensystem.

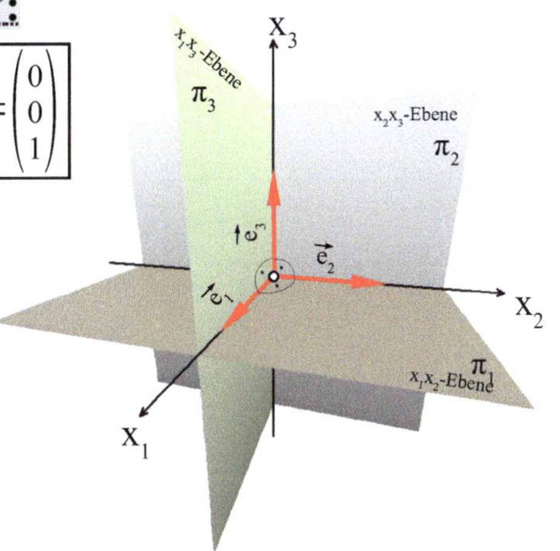

Komponentendarstellung eines Vektors:

$$\boxed{\vec{A} = \vec{a_1} + \vec{a_2} + \vec{a_3} = a_1 \vec{e_1} + a_2 \vec{e_2} + a_3 \vec{e_3}}$$

$\boxed{\text{skalare Vektorkomponenten}}$

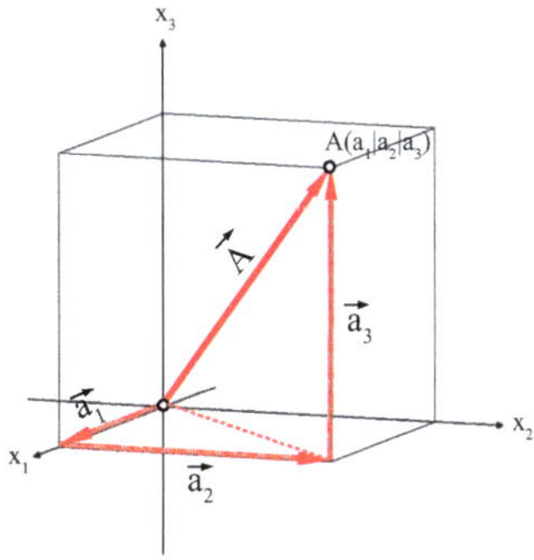

Ortsvektor:

$$\overrightarrow{OA} \equiv \vec{A} \equiv \vec{a} = a_1 \cdot \begin{pmatrix} 1 \\ 0 \\ 0 \end{pmatrix} + a_2 \cdot \begin{pmatrix} 0 \\ 1 \\ 0 \end{pmatrix} + a_3 \cdot \begin{pmatrix} 0 \\ 0 \\ 1 \end{pmatrix} = \begin{pmatrix} a_1 \\ a_2 \\ a_3 \end{pmatrix}$$

Matrixform eines Ortsvektors:

$$\begin{array}{ccc} \vec{e}_1 & \vec{e}_2 & \vec{e}_3 \end{array}$$

$$\overrightarrow{OP} \equiv \vec{P} = \begin{pmatrix} 1 & 0 & 0 \\ 0 & 1 & 0 \\ 0 & 0 & 1 \end{pmatrix} \circ \begin{pmatrix} p_1 \\ p_2 \\ p_3 \end{pmatrix}$$

$$\overrightarrow{OP} \equiv \vec{P} = (1 \quad 0 \quad 0) \circ \begin{pmatrix} p_1 \\ p_2 \\ p_3 \end{pmatrix} + (0 \quad 1 \quad 0) \circ \begin{pmatrix} p_1 \\ p_2 \\ p_3 \end{pmatrix} + (0 \quad 0 \quad 1) \circ \begin{pmatrix} p_1 \\ p_2 \\ p_3 \end{pmatrix} = \begin{pmatrix} p_1 \\ p_2 \\ p_3 \end{pmatrix}$$

Vektor durch zwei Punkte:

$$\overrightarrow{AB} = \vec{B} - \vec{A} = \begin{pmatrix} b_1 - a_1 \\ b_2 - a_2 \\ b_3 - a_3 \end{pmatrix}$$

Spruch: "Willst mit nem Vektor kein Verdruss rechne Spitze minus Fuß.

Addition und Subtraktion von Vektoren:

Vektoren werden zeichnerisch addiert, indem man den Fuß des einen Vektors an die Spitze des anderen Vektors ansetzt. Den Vektor der Addition erhält man, indem nun der Fußpunkt des ersten Vektors mit der Spitze des letzten Vektors verbunden wird.

Rechnerisch werden die jeweiligen Vektorkomponenten addiert bzw. subtrahiert.

$$\vec{R} = \vec{a} \pm \vec{b} = \begin{pmatrix} a_1 \\ a_2 \\ a_3 \end{pmatrix} \pm \begin{pmatrix} b_1 \\ b_2 \\ b_3 \end{pmatrix} = \begin{pmatrix} a_1 \pm b_1 \\ a_2 \pm b_2 \\ a_3 \pm b_3 \end{pmatrix}$$

Es gilt das Kommutativgesetz: $\vec{a} + \vec{b} = \vec{b} + \vec{a}$

Es gilt das Assoziativgesetz: $\vec{a} + (\vec{b} + \vec{c}) = (\vec{a} + \vec{b}) + \vec{c}$

Multiplikation eines Vektors mit einem Skalar:

$$\lambda \cdot \vec{a} = \lambda \cdot \begin{pmatrix} a_1 \\ a_2 \\ a_3 \end{pmatrix} = \begin{pmatrix} \lambda \cdot a_1 \\ \lambda \cdot a_2 \\ \lambda \cdot a_3 \end{pmatrix} = \sum_1^\lambda \vec{a} = \vec{a} + \vec{a} + \vec{a} + \ldots \ldots \vec{a}$$

Es gilt das Assoziativgesetz:

$$\lambda \cdot (\mu \cdot \vec{a}) = \mu \cdot (\lambda \cdot \vec{a}) = (\lambda \cdot \mu) \cdot \vec{a}$$

Es gilt das Distributivgesetz:

$$\lambda \cdot (\vec{a} \pm \vec{b}) = \lambda \cdot \vec{a} \pm \lambda \cdot \vec{b} \quad \text{bzw.} \quad (\lambda \pm \mu) \cdot \vec{a} = \lambda \cdot \vec{a} \pm \mu \cdot \vec{a}$$

Der inverse Vektor:

Der **inverse** Vektor $-\vec{a}$ von $\vec{a}$ ist der mit minus eins multiplizierte Vektor von $\vec{a}$. Er zeigt genau in die entgegengesetzte Richtung von $\vec{a}$ und ist somit der antiparallele Vektor zu $\vec{a}$.

Länge (Betrag) eines Vektors:

Die Länge eines Vektors ist sein Betrag.

$$\left| \vec{a} \right| \equiv a \equiv \sqrt{\vec{a}^2} = \sqrt{\vec{a} \circ \vec{a}} = \sqrt{a_1^2 + a_2^2 + a_3^2} \qquad \boxed{\text{Räumlicher Pythagoras}}$$

Mit Skalar:

$$\left| \lambda \cdot \vec{a} \right| = \left| \lambda \right| \cdot \left| \vec{a} \right| = \left| \lambda \right| \cdot \sqrt{\vec{a}^2} = \left| \lambda \right| \cdot \sqrt{\vec{a} \circ \vec{a}}$$

$$= \left| \lambda \right| \cdot \sqrt{a_1^2 + a_2^2 + a_3^2} = \sqrt{(\lambda \cdot a_1)^2 + (\lambda \cdot a_2)^2 + (\lambda \cdot a_3)^2}$$

Abstand zwischen zwei Punkten A und B:

$$\overline{AB} = \left| \overrightarrow{AB} \right| = \sqrt{(b_1 - a_1)^2 + (b_2 - a_2)^2 + (b_3 - a_3)^2}$$

<u>**Mittelpunkt einer Strecke [AB]:**</u>

$$\vec{M} = \frac{1}{2}\cdot(\vec{A}+\vec{B}) \quad ; \quad M\left(\frac{a_1+b_1}{2}\ \middle|\ \frac{a_2+b_2}{2}\ \middle|\ \frac{a_3+b_3}{2}\ \middle|\right)$$

<u>**Der Einheitsvektor:**</u>
$$\vec{a}^{\,0} = \frac{1}{|\vec{a}|}\cdot\vec{a} = \frac{1}{\sqrt{a_1{}^2+a_2{}^2+a_3{}^2}}\cdot\begin{pmatrix} a_1 \\ a_2 \\ a_3 \end{pmatrix}$$

$\vec{a}^{\,0} \equiv \vec{e}_a$ wird auch "Normierter Vektor von $\vec{a}$ genannt und hat stets die Länge "1".

<u>**Winkelhalbierende Vektoren:**</u>

$$\boxed{\vec{w}_1 = \vec{a}^{\,0} + \vec{b}^{\,0}}$$

$$\boxed{\vec{w}_2 = -\vec{a}^{\,0} + \vec{b}^{\,0}}$$

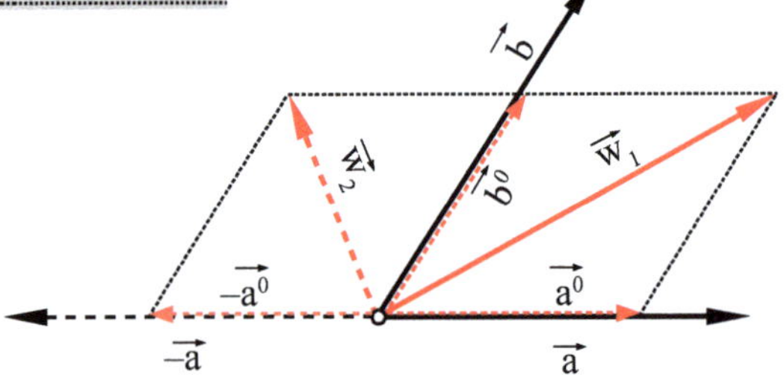

<u>**Das Skalarprodukt:**</u>

$$\vec{a}\circ\vec{b} = \begin{pmatrix} a_1 \\ a_2 \\ a_3 \end{pmatrix}\circ\begin{pmatrix} b_1 \\ b_2 \\ b_3 \end{pmatrix} = a_1 b_1 + a_2 b_2 + a_3 b_3 \qquad \text{(Skalar = Zahl)}$$

Das Skalarprodukt zweier Vektoren $\vec{a}$ und $\vec{b}$ ist eine Zahl.

<u>**Der senkrechte Projektionsvektor:**</u>

$$\boxed{\vec{a}_{\vec{b}} = \left(\vec{a}\circ\vec{b}^{\,0}\right)\cdot\vec{b}^{\,0}}$$

$$\boxed{\vec{a}_{\vec{b}} = \frac{\vec{a}\circ\vec{b}}{\vec{b}^{\,2}}\cdot\vec{b} = \frac{\vec{a}\circ\vec{b}}{\vec{b}\circ\vec{b}}\cdot\vec{b}}$$

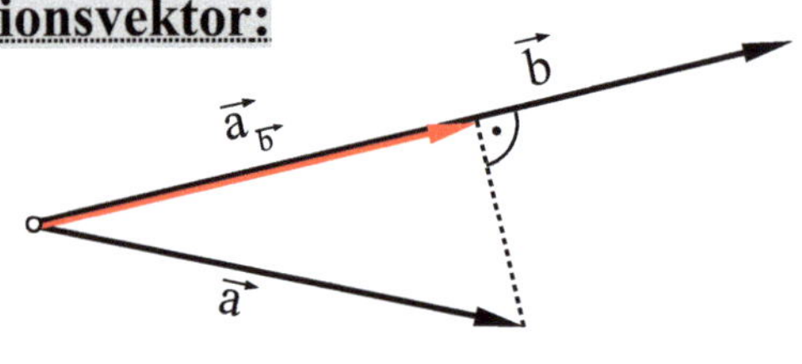

Projektion von $\vec{A}$ auf die Koordinatenachsen:

$$\vec{a}_{x_1} = \begin{pmatrix} a_1 \\ 0 \\ 0 \end{pmatrix} \quad ; \quad \vec{a}_{x_2} = \begin{pmatrix} 0 \\ a_2 \\ 0 \end{pmatrix}$$

$$\vec{a}_{x_3} = \begin{pmatrix} 0 \\ 0 \\ a_3 \end{pmatrix}$$

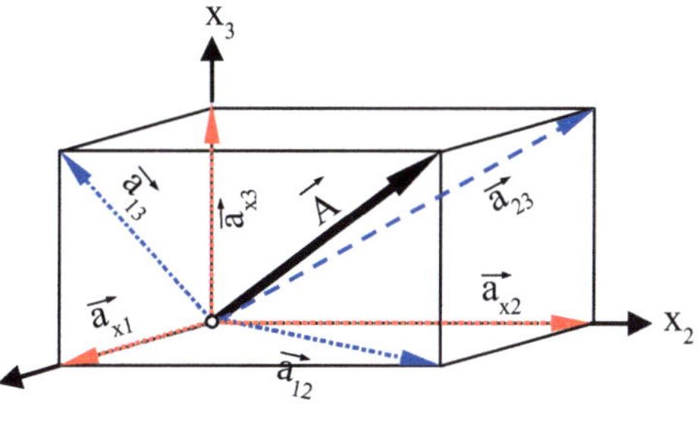

Projektion von $\vec{A}$ auf die Koordinatenebenen:

$$\vec{a}_{12} = \begin{pmatrix} a_1 \\ a_2 \\ 0 \end{pmatrix} \quad ; \quad \vec{a}_{23} = \begin{pmatrix} 0 \\ a_2 \\ a_3 \end{pmatrix} \quad ; \quad \vec{a}_{13} = \begin{pmatrix} a_1 \\ 0 \\ a_3 \end{pmatrix}$$

Richtungswinkel zwischen Ortsvektor und Koordinatenachsen:

x_1-Achse: $\qquad \cos(\alpha_1) = \dfrac{\vec{a} \circ \vec{e}_1}{|\vec{a}|} \qquad$ bzw. $\qquad \tan(\alpha_1) = \dfrac{|\vec{a}_{23}|}{\vec{a} \circ \vec{e}_1}$

x_2-Achse: $\qquad \cos(\alpha_2) = \dfrac{\vec{a} \circ \vec{e}_2}{|\vec{a}|} \qquad$ bzw. $\qquad \tan(\alpha_2) = \dfrac{|\vec{a}_{13}|}{\vec{a} \circ \vec{e}_2}$

x_3-Achse: $\qquad \cos(\alpha_3) = \dfrac{\vec{a} \circ \vec{e}_3}{|\vec{a}|} \qquad$ bzw. $\qquad \tan(\alpha_3) = \dfrac{|\vec{a}_{12}|}{\vec{a} \circ \vec{e}_3}$

Der Winkel zwischen Ortsvektor und Koordinatenachsen wird auch "Richtungskosinus" genannt.

Beziehung der Richtungswinkel:

$$\cos^2(\alpha_1) + \cos^2(\alpha_2) + \cos^2(\alpha_3) = 1$$

Die Summe zweier Richtungswinkel ist im Betrag immer größer gleich 90°. Es gilt: $164{,}21° \leq \alpha_1 + \alpha_2 + \alpha_3 \leq 180°$

Winkel zwischen Ortsvektor + Koordinatenebene:

x_1x_2-Ebene: $\boxed{\tan(\varepsilon_1) = \dfrac{a_3}{\left|\vec{a}_{12}\right|}}$ bzw. $\boxed{\cos(\varepsilon_1) = \dfrac{\vec{a}\circ\vec{a}_{12}}{\left|\vec{a}\right|\cdot\left|\vec{a}_{12}\right|}}$

x_2x_3-Ebene: $\boxed{\tan(\varepsilon_2) = \dfrac{a_1}{\left|\vec{a}_{23}\right|}}$ bzw. $\boxed{\cos(\varepsilon_2) = \dfrac{\vec{a}\circ\vec{a}_{23}}{\left|\vec{a}\right|\cdot\left|\vec{a}_{23}\right|}}$

x_1x_3-Ebene: $\boxed{\tan(\varepsilon_3) = \dfrac{a_2}{\left|\vec{a}_{13}\right|}}$ bzw. $\boxed{\cos(\varepsilon_3) = \dfrac{\vec{a}\circ\vec{a}_{13}}{\left|\vec{a}\right|\cdot\left|\vec{a}_{13}\right|}}$

Das Vektorprodukt: $\boxed{\vec{a}\otimes\vec{b}}$

Das Vektorprodukt (gelesen: a Kreuz b) ergibt wieder einen Vektor $\vec{c}$, der sowohl auf $\vec{a}$ wie auf $\vec{b}$ senkrecht steht.

$\vec{c}$ hat folgende Eigenschaften:

$\boxed{\vec{c}\circ\vec{a}=0 \ \wedge \ \vec{c}\circ\vec{b}=0 \ \Rightarrow \ \vec{c}\perp\vec{a}\wedge\vec{c}\perp\vec{b}}$

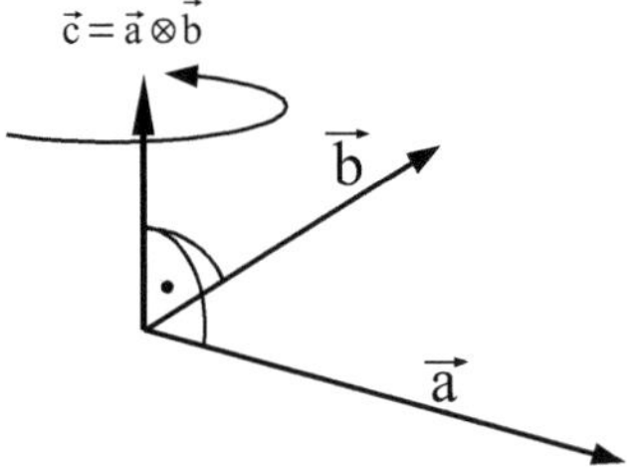

(1) Berechnung über eine Determinante:

$$\vec{c}=\vec{a}\otimes\vec{b}=\begin{vmatrix} a_1 & b_1 & \vec{e}_1 \\ a_2 & b_2 & \vec{e}_2 \\ a_3 & b_3 & \vec{e}_3 \end{vmatrix}$$

$$\vec{c}=\left(a_2b_3-a_3b_2\right)\cdot\vec{e}_1+\left(a_3b_1-a_1b_3\right)\cdot\vec{e}_2+\left(a_1b_2-a_2b_1\right)\cdot\vec{e}_3$$

$$\vec{c} = \vec{a} \otimes \vec{b} = \begin{pmatrix} a_1 \\ a_2 \\ a_3 \end{pmatrix} \otimes \begin{pmatrix} b_1 \\ b_2 \\ b_3 \end{pmatrix} = \begin{pmatrix} a_2 b_3 - a_3 b_2 \\ a_3 b_1 - a_1 b_3 \\ a_1 b_2 - a_2 b_1 \end{pmatrix} = \begin{pmatrix} c_1 \\ c_2 \\ c_3 \end{pmatrix}$$

$$\begin{pmatrix} a_1 \\ a_2 \\ a_3 \end{pmatrix} \otimes \begin{pmatrix} b_1 \\ b_2 \\ b_3 \end{pmatrix} = \begin{pmatrix} \begin{vmatrix} a_2 & b_2 \\ a_3 & b_3 \end{vmatrix} \\ \begin{vmatrix} a_3 & b_3 \\ a_1 & b_1 \end{vmatrix} \\ \begin{vmatrix} a_1 & b_1 \\ a_2 & b_2 \end{vmatrix} \end{pmatrix} = \begin{pmatrix} a_2 b_3 - a_3 b_2 \\ a_3 b_1 - a_1 b_3 \\ a_1 b_2 - a_2 b_1 \end{pmatrix} = \begin{pmatrix} c_1 \\ c_2 \\ c_3 \end{pmatrix}$$

Vereinfachtes Schema:

$$\begin{pmatrix} a_1 \\ a_2 \\ a_3 \end{pmatrix} \otimes \begin{pmatrix} b_1 \\ b_2 \\ b_3 \end{pmatrix} \rightarrow \begin{pmatrix} \begin{vmatrix} a_2 & b_2 \\ a_3 & b_3 \\ a_1 & b_1 \\ a_2 & b_2 \end{vmatrix} \end{pmatrix} \rightarrow \begin{pmatrix} a_2 b_3 - a_3 b_2 \\ a_3 b_1 - a_1 b_3 \\ a_1 b_2 - a_2 b_1 \end{pmatrix} = \begin{pmatrix} c_1 \\ c_2 \\ c_3 \end{pmatrix}$$

(Erste Zeile zuhalten $\rightarrow$ anschreiben; letzte Zeile zuhalten $\rightarrow$ anschreiben)

Die Determinante der jeweiligen vier Werte ergibt die Vektorkomponenten.

Es gilt: $\quad |\vec{c}| = |\vec{a} \otimes \vec{b}| = |\vec{a}| \cdot |\vec{b}| \cdot \sin(\varphi) = \sqrt{c_1^2 + c_2^2 + c_3^2}$

Winkel zwischen zwei Vektoren:

$$\cos(\varphi) = \frac{\vec{a} \circ \vec{b}}{|\vec{a}| \cdot |\vec{b}|} = \frac{a_1 b_1 + a_2 b_2 + a_3 b_3}{\sqrt{a_1^2 + a_2^2 + a_3^2} \cdot \sqrt{b_1^2 + b_2^2 + b_3^2}}$$

Merke: $\quad \vec{a} \circ \vec{b} = 0 \;\Rightarrow\; \varphi = 90° \;\Rightarrow\; \vec{a} \perp \vec{b}$

$$\sin(\varphi) = \frac{|\vec{a} \otimes \vec{b}|}{|\vec{a}| \cdot |\vec{b}|}$$

Gut zu wissen:

$$\frac{|\vec{a} \otimes \vec{b}|}{\sin(\varphi)} = \frac{\vec{a} \circ \vec{b}}{\cos(\varphi)}$$

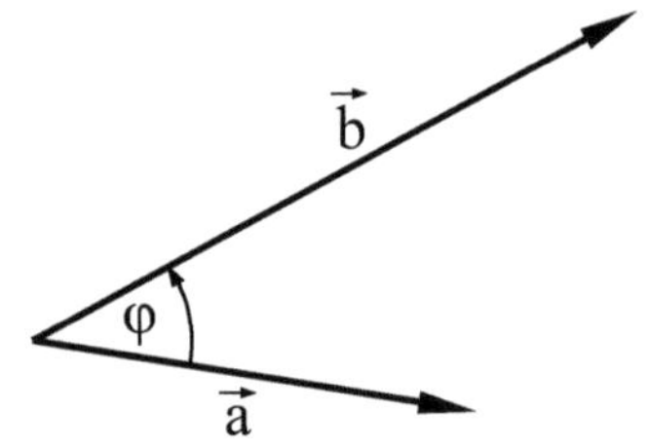

Nachweis kollinearer (linear abhängige) Vektoren:

$$\vec{a} \otimes \vec{b} = \vec{0} \quad \Leftrightarrow \quad \vec{a} \text{ und } \vec{b}$$ sind parallel bzw. anti-parallel. Der Winkel zwischen beiden Vektoren ist Null!

Geometrische Deutung des Vektorprodukts:

Der Betrag des Vektorprodukts $|\vec{a} \otimes \vec{b}|$ entspricht der Parallelogramfläche, die von den Vektoren $\vec{a}$ und $\vec{b}$ aufgespannt werden.

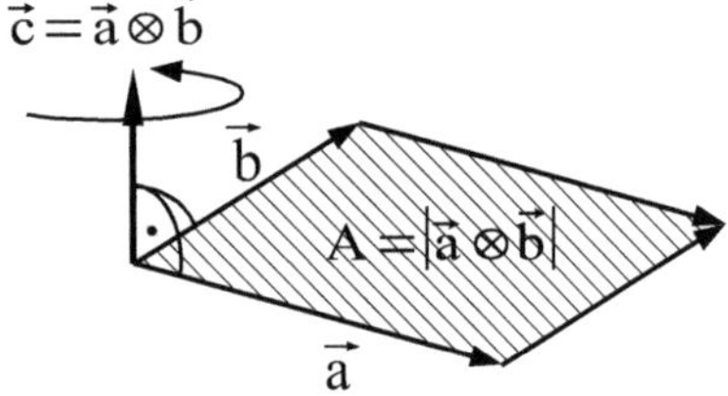

$$A(\vec{a}, \vec{b}) = |\vec{a} \otimes \vec{b}|$$

$$A(\vec{a}, \vec{b}) = \sqrt{(a_2 b_3 - a_3 b_2)^2 + (a_3 b_1 - a_1 b_3)^2 + (a_1 b_2 - a_2 b_1)^2}$$

Das Spatprodukt (gemischtes Produkt):

Das **Spatprodukt** ist ein aus <u>DREI</u> Vektoren gebildetes "gemischtes" Produkt und ergibt einen Skalar (Zahl).

$$[\vec{a}\,\vec{b}\,\vec{c}] = \vec{a} \circ (\vec{b} \otimes \vec{c}) = \begin{pmatrix} a_1 \\ a_2 \\ a_3 \end{pmatrix} \circ \left[\begin{pmatrix} b_1 \\ b_2 \\ b_3 \end{pmatrix} \otimes \begin{pmatrix} c_1 \\ c_2 \\ c_3 \end{pmatrix} \right] = \begin{pmatrix} a_1 \\ a_2 \\ a_3 \end{pmatrix} \circ \begin{pmatrix} b_2 c_3 - b_3 c_2 \\ b_3 c_1 - b_1 c_3 \\ b_1 c_2 - b_2 c_1 \end{pmatrix}$$

$$\left[\vec{a}\,\vec{b}\,\vec{c}\right] = a_1 \cdot \left(b_2 c_3 - b_3 c_2\right) + a_2 \cdot \left(b_3 c_1 - b_1 c_3\right) + a_3 \cdot \left(b_1 c_2 - b_2 c_1\right)$$

In Determinantenschreibweise:

$$\left[\vec{a}\,\vec{b}\,\vec{c}\right] = \vec{a} \circ \left(\vec{b} \otimes \vec{c}\right) = \begin{vmatrix} a_1 & b_1 & c_1 \\ a_2 & b_2 & c_2 \\ a_3 & b_3 & c_3 \end{vmatrix} \qquad \text{Regel von Sarrus anwenden!}$$

$$\left[\vec{a}\,\vec{b}\,\vec{c}\right] = a_1 b_2 c_3 + b_1 c_2 a_3 + c_1 a_2 b_3 - a_3 b_2 c_1 - b_3 c_2 a_1 - c_3 a_2 b_1$$

Rechengesetze:

(1) Bei einer zyklischen Vertauschung der drei Vektoren ändert sich das Spatprodukt nicht. $\left[\vec{a}\,\vec{b}\,\vec{c}\right] = \left[\vec{b}\,\vec{c}\,\vec{a}\right] = \left[\vec{c}\,\vec{a}\,\vec{b}\right]$

(2) Das Vertauschen zweier Vektoren bewirkt einen Vorzeichenwechsel. Bsp.: $\left[\vec{a}\,\vec{b}\,\vec{c}\right] = -\left[\vec{a}\,\vec{c}\,\vec{b}\right]$

Nachweis komplanarer Vektoren:

Drei Vektoren sind komplanar (linear abhängig), wenn sie alle in einer Ebene liegen. (spannen also keinen Raum auf)

$\vec{a} \circ \left(\vec{b} \otimes \vec{c}\right) = 0$ (Das Spatprodukt ist Null!)

Geometrische Deutung des Spatprodukts:

(Spat, Parallelflachs Parallelpiped, Prisma)

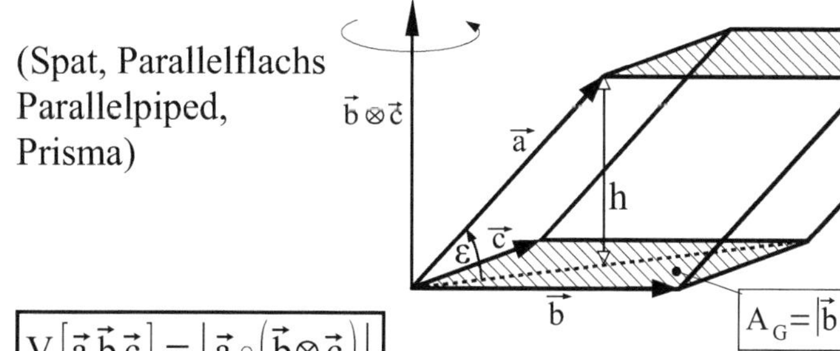

$$V\left[\vec{a}\,\vec{b}\,\vec{c}\right] = \left|\vec{a} \circ \left(\vec{b} \otimes \vec{c}\right)\right|$$

Das *Volumen* eines von drei Vektoren $\vec{a}$; $\vec{b}$ und $\vec{c}$ aufgespannten *Spats* ist gleich dem Betrag des Spatprodukts $[\vec{a}\,\vec{b}\,\vec{c}]$.

Allgemein: $\boxed{V_{Spat} = A_G \cdot h}$ (Volumen ist Grundfläche mal Höhe)

mit $\boxed{h = |\vec{a}| \cdot \sin(\varepsilon) = \sqrt{a_1^2 + a_2^2 + a_3^2} \cdot \sin(\varepsilon) = \dfrac{V_{Spat}}{A_G}}$

und $\boxed{V(\vec{a}\,\vec{b}\,\vec{c}) = |\vec{b}\otimes\vec{c}| \cdot \sin(\varepsilon) \cdot |\vec{a}| = |\vec{a}\circ(\vec{b}\otimes\vec{c})|}$

<u>Spat mit dreieckiger Grundfläche:</u>

$\boxed{V = \dfrac{1}{2} \cdot V(\vec{a}\,\vec{b}\,\vec{c})}$

$\boxed{V = \dfrac{1}{2} \cdot \left[\vec{a}\circ(\vec{b}\otimes\vec{c})\right]}$

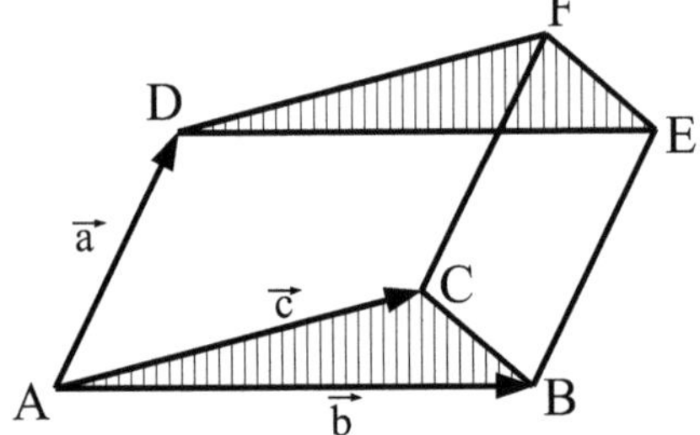

<u>Pyramide mit Parallelogramm als A_G.</u>

$\boxed{V = \dfrac{1}{3} \cdot V(\vec{a}\,\vec{b}\,\vec{c})}$

$\boxed{V = \dfrac{1}{3} \cdot \left[\vec{a}\circ(\vec{b}\otimes\vec{c})\right]}$

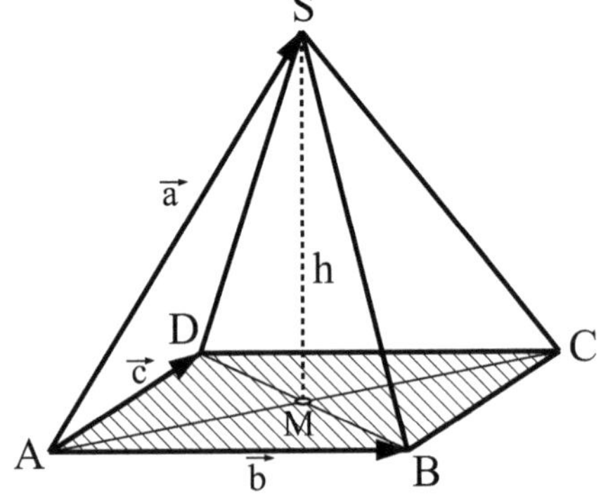

<u>Pyramide mit dreieckiger Grundfläche:</u>

$$V = \frac{1}{6} \cdot V\left(\vec{a}\,\vec{b}\,\vec{c}\right)$$

$$V = \frac{1}{6} \cdot \left[\vec{a} \circ \left(\vec{b} \otimes \vec{c}\right)\right]$$

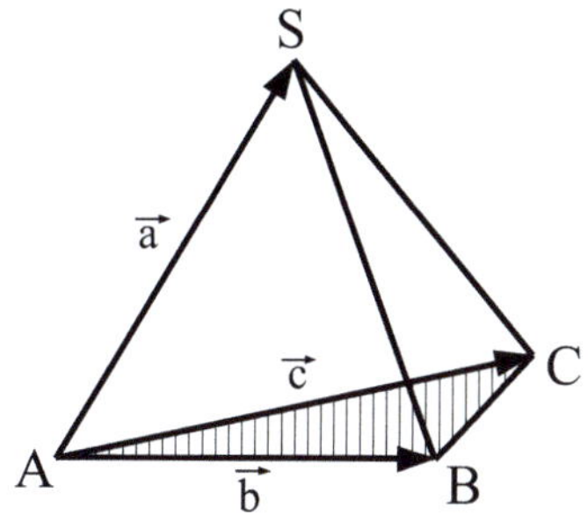

<u>Die Geradengleichung im Raum:</u>

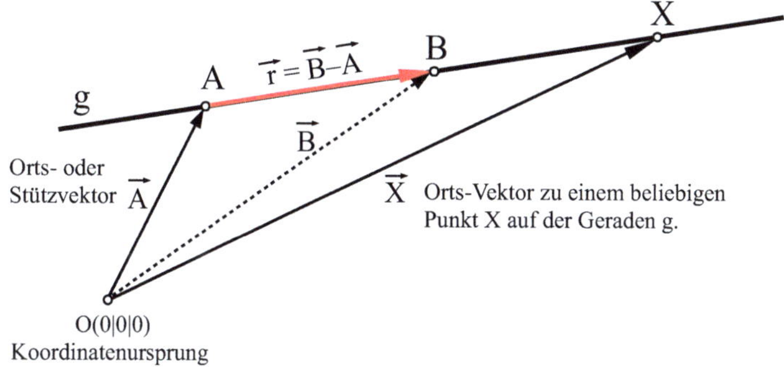

<u>Zweipunkte-Form einer Geraden:</u>

$$g: \ \vec{X} = \vec{A} + \lambda \cdot \overrightarrow{AB} = \vec{A} + \lambda \cdot \left(\vec{B} - \vec{A}\right)$$

$$g: \begin{pmatrix} x_1 \\ x_2 \\ x_3 \end{pmatrix} = \begin{pmatrix} a_1 \\ a_2 \\ a_3 \end{pmatrix} + \lambda \cdot \begin{pmatrix} b_1 - a_1 \\ b_2 - a_2 \\ b_3 - a_3 \end{pmatrix}$$

<u>**Punkt-Richtungs-Form einer Geraden:**</u>

$$g: \vec{X} = \vec{A} + \lambda \cdot \vec{r}$$

$\vec{r}$ gleich Richtungsvektor der Geraden g.

$$g: \begin{pmatrix} x_1 \\ x_2 \\ x_3 \end{pmatrix} = \begin{pmatrix} a_1 \\ a_2 \\ a_3 \end{pmatrix} + \lambda \cdot \begin{pmatrix} r_1 \\ r_2 \\ r_3 \end{pmatrix}$$

(Eine Normalenform von g wie im R^2 existiert im R^3 nicht!)

<u>**Projektionen von g auf die Koordinatenebenen:**</u>

x_1x_2-Ebene:
$$g_{12}: \begin{pmatrix} x_1 \\ x_2 \\ x_3 \end{pmatrix} = \begin{pmatrix} a_1 \\ a_2 \\ 0 \end{pmatrix} + \lambda \cdot \begin{pmatrix} r_1 \\ r_2 \\ 0 \end{pmatrix}$$

x_1x_3-Ebene:
$$g_{13}: \begin{pmatrix} x_1 \\ x_2 \\ x_3 \end{pmatrix} = \begin{pmatrix} a_1 \\ 0 \\ a_3 \end{pmatrix} + \lambda \cdot \begin{pmatrix} r_1 \\ 0 \\ r_3 \end{pmatrix}$$

x_2x_3-Ebene:
$$g_{23}: \begin{pmatrix} x_1 \\ x_2 \\ x_3 \end{pmatrix} = \begin{pmatrix} 0 \\ a_2 \\ a_3 \end{pmatrix} + \lambda \cdot \begin{pmatrix} 0 \\ r_2 \\ r_3 \end{pmatrix}$$

<u>**Lage von Geraden im Raum:**</u>

<u>**(1) Parallele Geraden:**</u>

Die Geraden g_1 und g_2 sind parallel, wenn $\vec{r}_1 \parallel \vec{r}_2$

Nachweismöglichkeiten:

$$\vec{r}_1 = k \cdot \vec{r}_2$$

$\vee$ $\quad \vec{r}_1 \otimes \vec{r}_2 = \vec{0}$

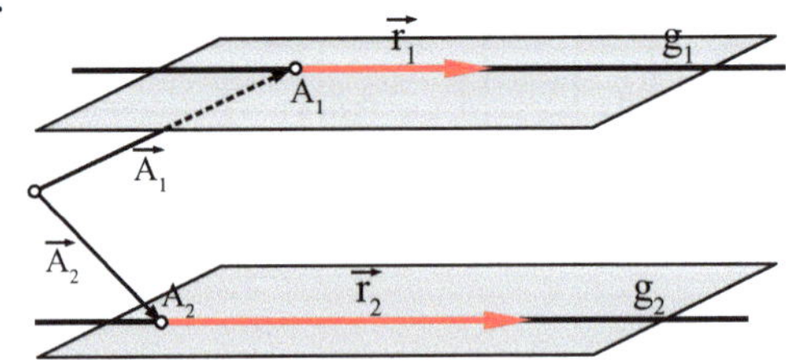

$\vee$ $\boxed{\dfrac{\vec{r}_1 \circ \vec{r}_2}{|\vec{r}_1| \cdot |\vec{r}_2|} = 1}$

und $\boxed{A_1 \notin g_2}$ bzw. $\boxed{A_2 \notin g_1}$ dann gilt: $g_1 \parallel g_2$.

(2) Identische Geraden:

Wenn aber $\boxed{A_1 \in g_2}$ bzw. $\boxed{A_2 \in g_1}$ dann gilt: $g_1 = g_2$.

(3) Sich schneidende Geraden:

Nachweis siehe (1)

Berechnen des Schnittpunktes:

$g_1 = g_2$: $\boxed{\vec{A}_1 + \lambda \cdot \vec{r}_1 = \vec{A}_2 + \mu \cdot \vec{r}_2}$

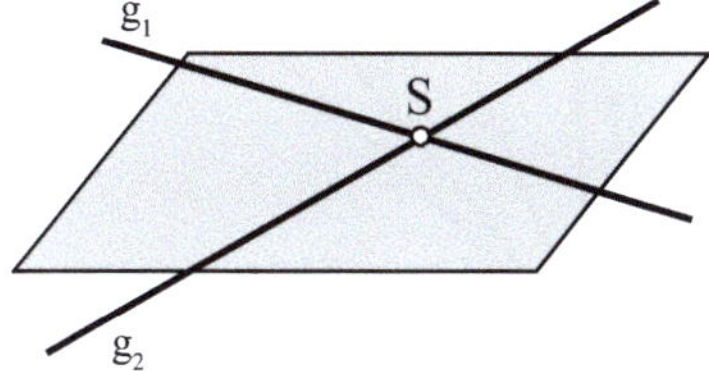

$$\boxed{\begin{pmatrix} a_{1_1} \\ a_{1_2} \\ a_{1_3} \end{pmatrix} + \lambda \cdot \begin{pmatrix} r_{1_1} \\ r_{1_2} \\ r_{1_3} \end{pmatrix} = \begin{pmatrix} a_{2_1} \\ a_{2_2} \\ a_{2_3} \end{pmatrix} + \mu \cdot \begin{pmatrix} r_{2_1} \\ r_{2_2} \\ r_{2_3} \end{pmatrix}}$$ Das G*l*.Sys. ist zu lösen.

Den Schnittpunkt S erhält man durch einsetzen der zuvor berechneten Parameter λ bzw. μ durch einsetzen in die jeweilige Geradengleichung g_1 oder g_2.

(4) Windschiefe Geraden:

Windschiefe Geraden
sind weder parallel,
noch schneiden sie
sich.

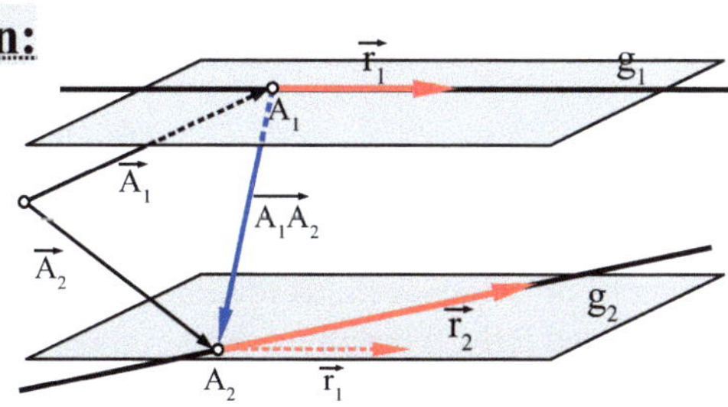

Nachweis: $\boxed{\overrightarrow{A_1 A_2} \circ \left(\vec{r}_1 \otimes \vec{r}_2 \right) \neq 0}$; $\boxed{\left(\vec{A}_2 - \vec{A}_1 \right) \circ \left(\vec{r}_1 \otimes \vec{r}_2 \right) \neq 0}$

Eine Ebene E ist im Raum durch drei Punkte A, B und C, die nicht alle auf einer Geraden liegen, genau festgelegt.

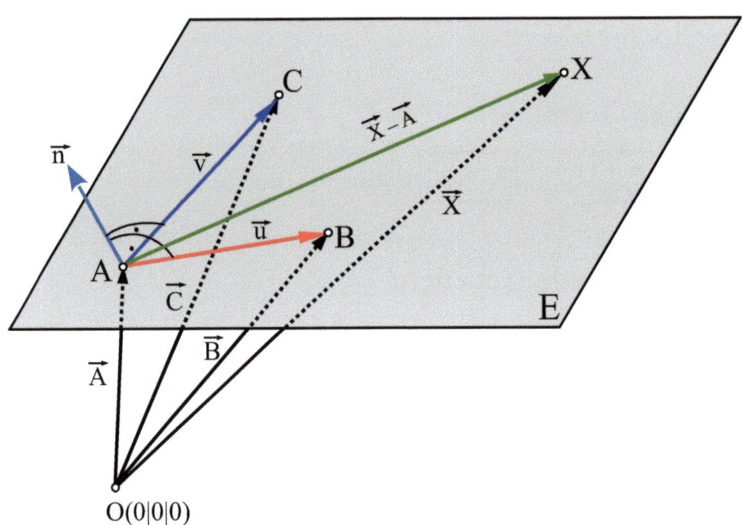

(I) Parameterform einer Ebene E:

(1) Drei-Punkte-Form:

$$E: \vec{X} = \vec{A} + \lambda \cdot \vec{AB} + \mu \cdot \vec{AC}$$

$$E: \vec{X} = \vec{A} + \lambda \cdot (\vec{B} - \vec{A}) + \mu \cdot (\vec{C} - \vec{A})$$

(2) Punkt-Richtungs-Form:

$$E: \vec{X} = \vec{A} + \lambda \cdot \vec{u} + \mu \cdot \vec{v}$$

$$E: \begin{pmatrix} x_1 \\ x_2 \\ x_3 \end{pmatrix} = \begin{pmatrix} a_1 \\ a_2 \\ a_3 \end{pmatrix} + \lambda \cdot \begin{pmatrix} u_1 \\ u_2 \\ u_3 \end{pmatrix} + \mu \cdot \begin{pmatrix} v_1 \\ v_2 \\ v_3 \end{pmatrix}$$

Parameter-Form deswegen, da die Ebenengleichung von den Parametern λ (Lambda) und μ (Mü) bestimmt wird.

(II) Normalenform einer Ebene E:

Normalenvektor der Ebene E:

$$\vec{n} = \vec{u} \otimes \vec{v}$$

Ebenengleichung in Normalenform: $\quad E: \vec{n} \circ (\vec{X} - \vec{A}) = 0$

Es gilt das Distributivgesetz: $\quad E: \vec{n} \circ \vec{X} - \vec{n} \circ \vec{A} = 0$

$$E: \vec{n} \circ \vec{X} = \vec{n} \circ \vec{A}$$

$$E: \begin{pmatrix} n_1 \\ n_2 \\ n_3 \end{pmatrix} \circ \begin{pmatrix} x_1 - a_1 \\ x_2 - a_2 \\ x_3 - a_3 \end{pmatrix} = 0 \quad \text{bzw.} \quad E: \begin{pmatrix} n_1 \\ n_2 \\ n_3 \end{pmatrix} \circ \begin{pmatrix} x_1 \\ x_2 \\ x_3 \end{pmatrix} = \begin{pmatrix} n_1 \\ n_2 \\ n_3 \end{pmatrix} \circ \begin{pmatrix} a_1 \\ a_2 \\ a_3 \end{pmatrix}$$

(III) Koordinatenform einer Ebene E:

Multipliziert man die Normalenform aus, so erhält man die Koordinatenform der Ebene E.

$$E: n_1 \cdot (x_1 - a_1) + n_2 \cdot (x_2 - a_2) + n_3 \cdot (x_3 - a_3) = 0$$

$$E: n_1 x_1 + n_2 x_2 + n_3 x_3 - n_1 a_1 - n_2 a_2 - n_3 a_3 = 0$$

$$E: n_1 x_1 + n_2 x_2 + n_3 x_3 + n_0 = 0 \quad \text{mit} \quad n_0 = -n_1 a_1 - n_2 a_2 - n_3 a_3$$

Hessesche Normalenform (HNF) der Ebene E:

$$\text{HNF:} \quad E: \vec{n}^0 \circ (\vec{X} - \vec{A}) = 0 \quad \text{mit} \quad \vec{n}^0 = \frac{1}{|\vec{n}|} \cdot \vec{n} \qquad \text{normierter Normalenvektor}$$

Abstand eines Punktes P zur Ebene E:

Durch Einsetzen der Koordinaten eines Punktes $P\left(p_1 | p_2 | p_3\right)$ in die HNF erhält man als Ergebnis dessen Abstand d zur Ebene E.

$$d(P; E) = \vec{n}^0 \circ (\vec{P} - \vec{A}) \quad ; \quad d(P; E) = \frac{|n_1 p_1 + n_2 p_2 + n_3 p_3 + n_0|}{\sqrt{n_1^2 + n_2^2 + n_3^2}}$$

$$E: \begin{vmatrix} u_1 & v_1 & (x_1-a_1) \\ u_2 & v_2 & (x_2-a_2) \\ u_3 & v_3 & (x_3-a_3) \end{vmatrix} = 0 \quad \text{(Auflösen nach Sarrus)}$$

Alle drei Vektoren $\vec{u}$, $\vec{v}$ und $\left(\vec{X}-\vec{A}\right)$ liegen in einer Ebene, somit muss das Spatprodukt Null ergeben.

$$E: \frac{1}{s_1}\cdot x_1 + \frac{1}{s_2}\cdot x_2 + \frac{1}{s_3}\cdot x_3 = 1$$

Mit s_1, s_2, s_3 gleich die Abstände vom Ursprung zu den Durchstoßpunkten D der Koordinatenachsen mit der Ebene E.

Erstellen aus der Koordinatenform:

$$E: n_1 x_1 + n_2 x_2 + n_3 x_3 = -n_0$$

$$E: \frac{n_1}{-n_0}\cdot x_1 + \frac{n_2}{-n_0}\cdot x_2 + \frac{n_3}{-n_0}\cdot x_3 = 1$$

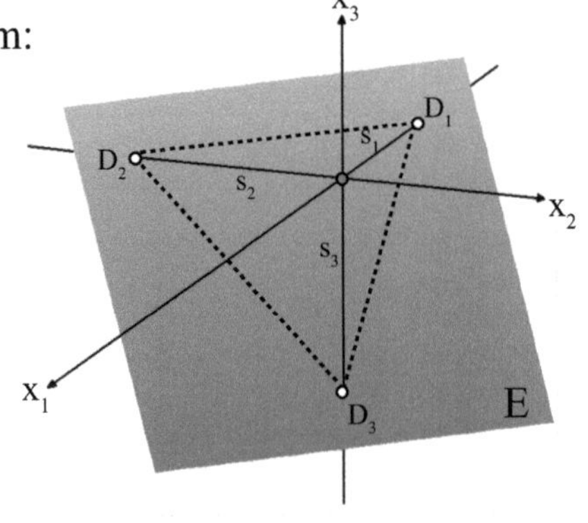

$$\Rightarrow \frac{1}{s_1} = \frac{n_1}{-n_0} \quad \Rightarrow \boxed{s_1 = -\frac{n_0}{n_1}}$$

$$\Rightarrow \frac{1}{s_2} = \frac{n_2}{-n_0} \quad \Rightarrow \boxed{s_2 = -\frac{n_0}{n_2}}$$

$$\Rightarrow \frac{1}{s_3} = \frac{n_3}{-n_0} \quad \Rightarrow \boxed{s_3 = -\frac{n_0}{n_3}}$$

Ortsvektoren:
$$\vec{D}_1 = \begin{pmatrix} -\dfrac{n_0}{n_1} \\ 0 \\ 0 \end{pmatrix} \quad ; \quad \vec{D}_2 = \begin{pmatrix} 0 \\ -\dfrac{n_0}{n_2} \\ 0 \end{pmatrix} \quad ; \quad \vec{D}_3 = \begin{pmatrix} 0 \\ 0 \\ -\dfrac{n_0}{n_3} \end{pmatrix}$$

Spurgeraden der Ebene E:

g_{12} in der x_1x_2-Ebene: $\boxed{g_{12}:\ \vec{x} = \vec{D_1} + \lambda \cdot \overrightarrow{D_1 D_2}}$

g_{13} in der x_1x_3-Ebene: $\boxed{g_{13}:\ \vec{x} = \vec{D_1} + \lambda \cdot \overrightarrow{D_1 D_3}}$

g_{23} in der x_2x_3-Ebene: $\boxed{g_{23}:\ \vec{x} = \vec{D_2} + \lambda \cdot \overrightarrow{D_2 D_3}}$

Lage von Ebenen:

(1) Parallele (bzw. identische) Ebenen:

Ebenen sind parallel (oder identisch), wenn deren Normalenvektoren *linear abhängig* (parallel) sind.

Nachweis:

$\boxed{\vec{n}_{E_1} = k \cdot \vec{n}_{E_2}}$; $\boxed{\wedge\ \ A_1 \notin E_2 \Rightarrow E_1 \parallel E_2}$ (A_1 ist Aufpunkt der Ebene E_1)

$\boxed{\vec{n}_{E_1} \otimes \vec{n}_{E_2} = 0}$; $\boxed{\wedge\ \ A_1 \in E_2 \Rightarrow E_1 = E_2}$ (die Ebenen sind identisch)

(2) Die Ebenen schneiden sich:

Ebenen, deren Normalenvektoren **linear unabhängig** sind, schneiden sich in einer Schnittgeraden **s**.

Nachweis: $\boxed{\vec{n}_{E_1} \neq k \cdot \vec{n}_{E_2}}$ bzw. $\boxed{\vec{n}_{E_1} \otimes \vec{n}_{E_2} \neq 0} \Rightarrow E_1 \cap E_2 = s$

Ermitteln der Schnittgeraden s:

(I) Über Richtungs- und Ortsvektor:

Richtungsvektor: $\boxed{\vec{r}_s = \vec{n}_1 \otimes \vec{n}_2}$

Ortsvektor $\vec{P}$: $\boxed{\text{I}\ \ \vec{n}_1 \circ (\vec{P} - \vec{A_1}) = 0}$

$\boxed{\text{II}\ \ \vec{n}_2 \circ (\vec{P} - \vec{A_2}) = 0}$

Das entstehende Gl. Sys. ist zu lösen $\Rightarrow$ $P\left(p_1 \middle| p_2 \middle| p_3\right)$

(II) Über Gleichsetzen $E_1 = E_2$:

$$E_1:\ \vec{X} = \vec{A}_1 + \lambda \cdot \vec{u}_1 + \mu \cdot \vec{v}_1 \quad ; \quad E_2:\ \vec{X} = \vec{A}_2 + \varepsilon \cdot \vec{u}_2 + \kappa \cdot \vec{v}_2$$

$$\boxed{E_1 = E_2:\quad \vec{A}_1 + \lambda \cdot \vec{u}_1 + \mu \cdot \vec{v}_1 = \vec{A}_2 + \varepsilon \cdot \vec{u}_2 + \kappa \cdot \vec{v}_2}$$

Gl. Sys.: $\boxed{\lambda \cdot \vec{u}_1 + \mu \cdot \vec{v}_1 - \varepsilon \cdot \vec{u}_2 - \kappa \cdot \vec{v}_2 = \vec{A}_2 - \vec{A}_1}$

Das Gleichungssystem ist derart zu lösen, das zusammengehörige Parameter, also z.B. λ und μ , zu eliminieren sind.

(III) Die Ebenen liegen in Koordinatenform vor:

$$E_1:\ n_{1_1} x_1 + n_{1_2} x_2 + n_{1_3} x_3 + n_{1_0} = 0$$

$$E_2:\ n_{2_1} x_1 + n_{2_2} x_2 + n_{2_3} x_3 + n_{2_0} = 0$$

Man setzt nun z.B. $x_1 = \lambda$ und bestimmt im entstehenden Gl. Sys. x_2 und x_3 in Abhängigkeit von λ.
Daraus entsteht die Geradengleichung von s.

Berechnen von Abständen im Raum:

(I) Punkt – Gerade:

geg: $Q\left(q_1 \middle| q_2 \middle| q_3\right)$; $g:\ \vec{X} = \vec{A} + \lambda \cdot \vec{r}$

<u>(1) Erste Möglichkeit:</u>
"Methode der optimierten Länge"

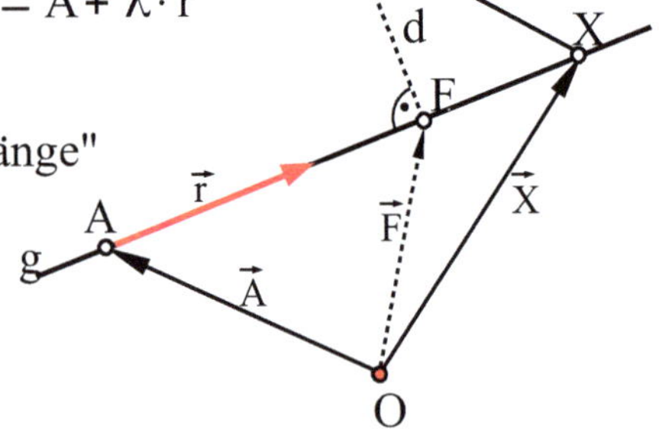

$$\boxed{\overrightarrow{XQ} = \begin{pmatrix} q_1 - (a_1 + \lambda\, r_1) \\ q_2 - (a_2 + \lambda\, r_2) \\ q_2 - (a_2 + \lambda\, r_2) \end{pmatrix}}$$

$$\boxed{d\,(\lambda) = \left| \overrightarrow{XQ} \right|}$$

d = der Extremwert von $d(\lambda) = \overline{FQ}$

Das ermittelte λ in die Geradengleichung eingesetzt ergibt F.

(2) Zweite Möglichkeit: Über das Skalarprodukt

$$\boxed{\overrightarrow{XQ} \circ \vec{r} = 0}$$ daraus wird λ ermittelt

$$\boxed{d = \overrightarrow{FQ} = |\overrightarrow{XQ}|}$$ (für das ermittelte λ)

(3) Dritte Möglichkeit: Über eine senkrechte Projektion

$$\boxed{\overrightarrow{AF} = \overrightarrow{AQ}_{\vec{r}} = \frac{\overrightarrow{AQ} \circ \vec{r}}{\vec{r} \circ \vec{r}} \cdot \vec{r}}$$

$$\boxed{\vec{F} = \vec{A} + \overrightarrow{AF}}$$

$$\boxed{d = |\overrightarrow{FQ}|}$$

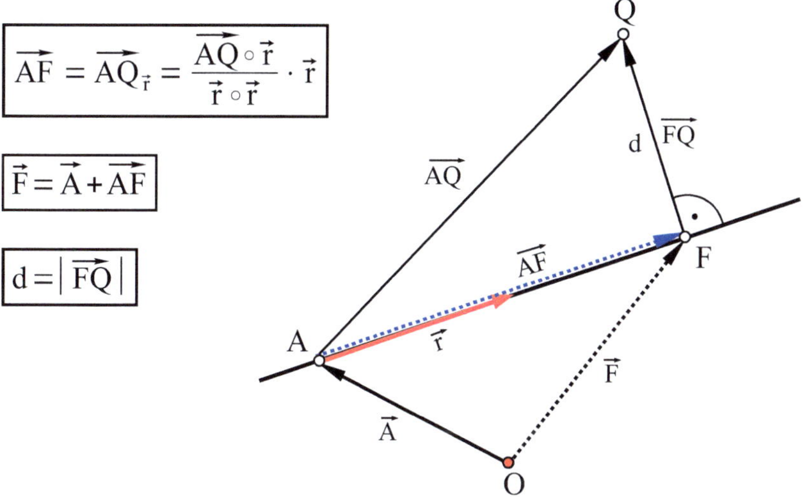

(4) Vierte Möglichkeit: Über die Parallelogrammfläche

$$\boxed{d = \frac{|\vec{r} \otimes \overrightarrow{AQ}|}{|\vec{r}|}}$$

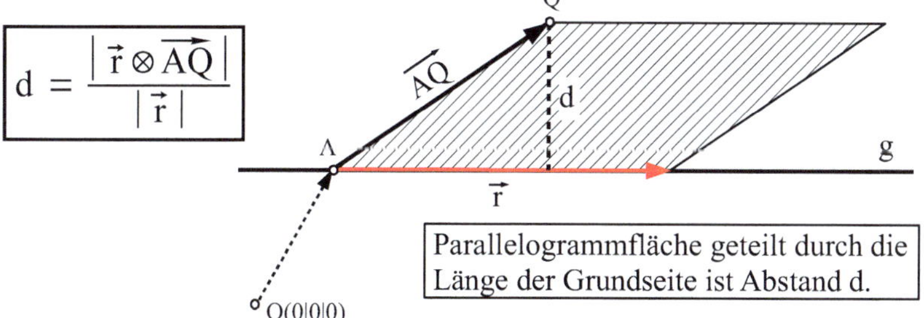

Parallelogrammfläche geteilt durch die Länge der Grundseite ist Abstand d.

(II) Windschiefe Geraden g und h:

geg: $g: \vec{X} = \vec{A}_g + \lambda\,\vec{r}_g$; $h: \vec{X} = \vec{A}_h + \mu\,\vec{r}_h$

(1) Erste Möglichkeit: Methode der geschnittenen Hilfsebene

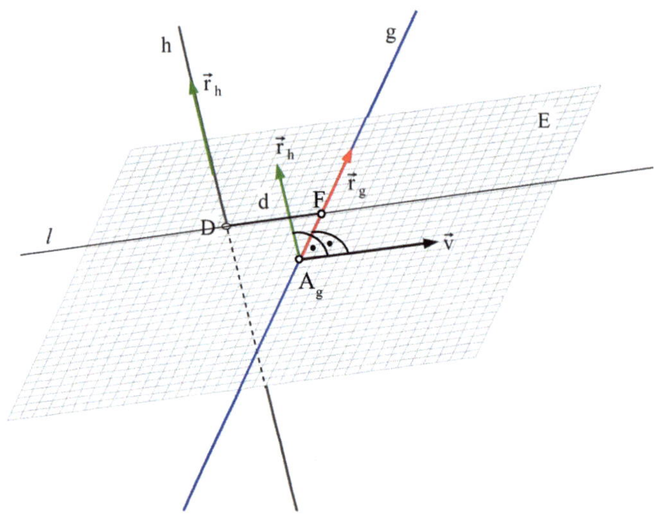

a) Aufstellen einer Ebene E, die g enthält.

$$\boxed{\vec{v} = \vec{r}_g \otimes \vec{r}_h}\ ;\ \boxed{E:\ \vec{X} = \vec{A}_g + \varepsilon\,\vec{r}_g + \kappa\,\vec{v}}$$

b) Schnittpunkt D von h mit E ermitteln. (gleichsetzen)

c) Hilfsgerade l aufstellen: $\boxed{l:\ \vec{X} = \vec{D} + \xi\,\vec{v}}$ (ξ = Xi)

d) l mit g zum Schnitt bringen $\Rightarrow$ F

e) Länge des Vektors $\vec{DF}$ berechnen: $\boxed{d = |\vec{DF}|}$

- oder mit einer der unter (I) beschriebenen Methoden.

<u>(2) Zweite Möglichkeit:</u> Methode der parallelen Hilfsebene E.

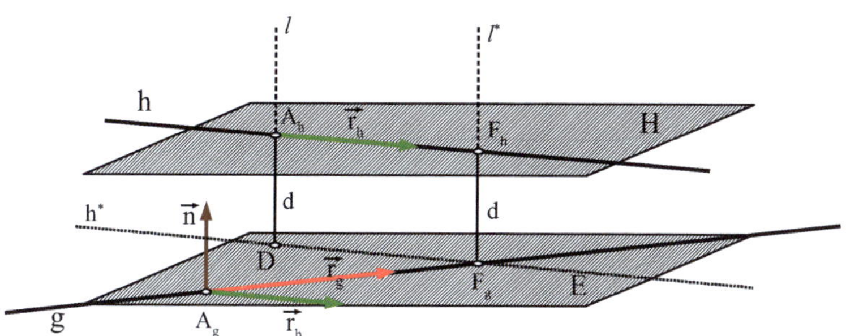

a) Bestimmen eines Normalenvektors $\vec{n}$: $\boxed{\vec{n} = \vec{r}_g \otimes \vec{r}_h}$

b) E in Normalenform: $\boxed{E:\ \vec{n}\circ\left(\vec{X}-\vec{A}_g\right)=0}$

c) Daraus die HNF entwickeln und den Punkt A_h einsetzen.
   Das Ergebnis ist der Abstand d der Geraden h zu g.

Berechnen der Fußpunkt-Koordinaten F_g und F_h:

Lotgerade l: $\boxed{l:\ \vec{X}=\vec{A}_g+\delta\,\vec{n}}$; $l\cap E=D$

Hilfsgerade h*: $\boxed{h^*:\ \vec{X}=\vec{D}+\eta\,\vec{r}_h}$; $h^*\cap g=F_g$

Lotgerade l*: $\boxed{l^*:\ \vec{X}=\vec{F}_g+\tau\,\vec{n}}$; $l^*\cap h=F_h$

<u>(3) Dritte Möglichkeit:</u> Methode des Parallelflachsvolumens

$$d = \frac{\left|\overrightarrow{A_g A_h}\circ\left[\vec{r}_g\otimes\vec{r}_h\right]\right|}{\left|\vec{r}_g\otimes\vec{r}_h\right|}$$

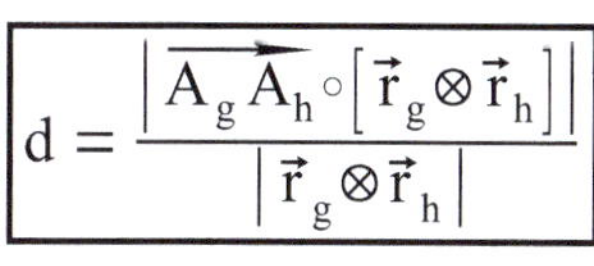
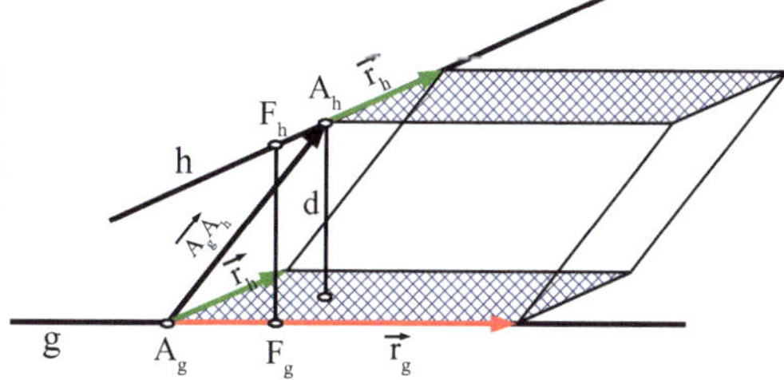

Volumen durch Fläche ist
Abstand d.

(III) Punkt – Ebene:

geg: $P\left(p_1 | p_2 | p_3\right)$; E: $\vec{X} = \vec{A} + \lambda\,\vec{u} + \mu\,\vec{v}$

(1) Erste Möglichkeit: hessesche Normalenform (HNF) s. vor.

$$d\left(P\,;E\right) = \frac{n_1\,x_1 + n_2\,x_2 + n_3\,x_3 + n_0}{\sqrt{n_1^{\,2} + n_2^{\,2} + n_3^{\,2}}} \quad ; \quad d\left(P\,;E\right) = \frac{\left|\vec{n}_E \circ \overrightarrow{AP}\right|}{\left|\vec{n}_E\right|}$$

(2) Zweite Möglichkeit: Methode des Spatvolumens

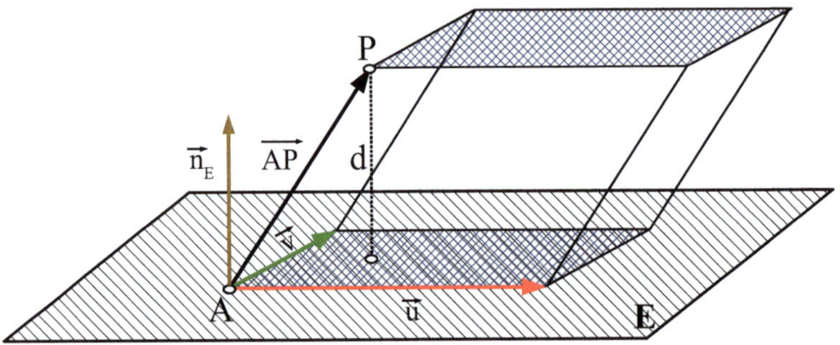

$$d\left(P\,;E\right) = \frac{\left|\overrightarrow{AP} \circ \left(\vec{u} \otimes \vec{v}\right)\right|}{\left|\vec{u} \otimes \vec{v}\right|}$$

Volumen geteilt durch Grundfläche ist Abstand d.

(3) Dritte Möglichkeit: Methode der Lotgeraden

Lotgerade l auf Ebene E durch P: $l:\ \vec{X} = \vec{P} + \varepsilon\,\vec{n}_E$

Durchstoßpunkt durch E: $l \cap E = D$

Abstand P zu E: $d\left(P\,;E\right) = \left|\overrightarrow{DP}\right|$

Kartesische Koordinaten einer Kugel:

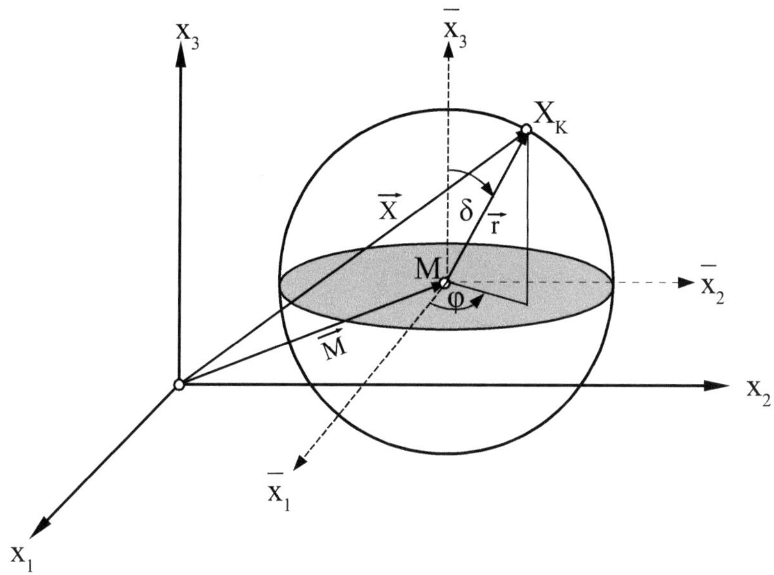

Es gilt: $\vec{X} = \vec{M} + \vec{r}$ und $|\vec{r}| = r_{Kugel}$ sowie $\vec{r} = \vec{X} - \vec{M}$

$\qquad |\vec{X} - \vec{M}| = |\vec{r}|$ ist konstant !

$\qquad \left(|\vec{X} - \vec{M}|\right)^2 = r^2$ ist konstant !   r = Kugelradius!

Vektorform einer Kugel:

$$K: (\vec{X} - \vec{M})^2 = r^2 \quad ; \quad K: (\vec{X} - \vec{M}) \circ (\vec{X} - \vec{M}) = r^2$$

Koordinatenform einer Kugel:

$$K: (x_1 - m_1)^2 + (x_2 - m_2)^2 + (x_3 - m_3)^2 = r^2 \qquad M_k(m_1|m_2|m_3)$$

<u>**Parameterform einer Kugel: (Kugelkoordinaten)**</u>

$$\vec{r} = \begin{pmatrix} r_1 \\ r_2 \\ r_3 \end{pmatrix} = \begin{pmatrix} r\cdot\sin(\delta)\cdot\cos(\varphi) \\ r\cdot\sin(\delta)\cdot\sin(\varphi) \\ r\cdot\cos(\delta) \end{pmatrix}$$

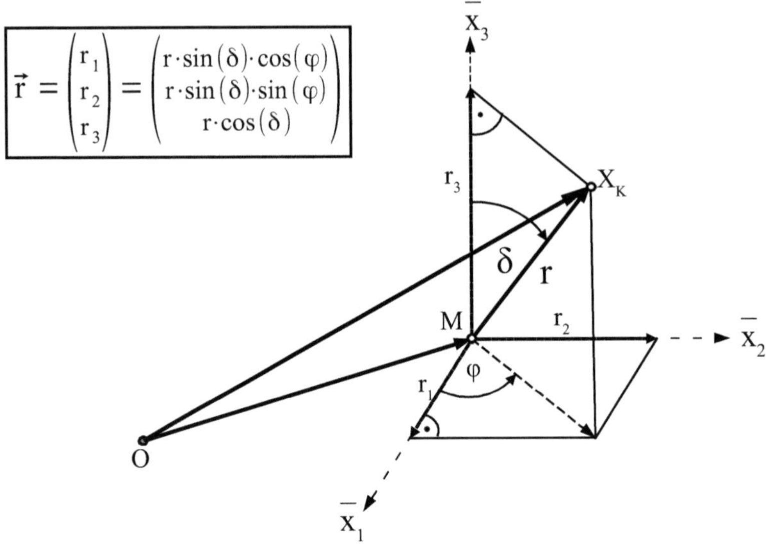

$$\vec{x} = \begin{pmatrix} m_1 \\ m_2 \\ m_3 \end{pmatrix} + \begin{pmatrix} r\cdot\sin(\delta)\cdot\cos(\varphi) \\ r\cdot\sin(\delta)\cdot\sin(\varphi) \\ r\cdot\cos(\delta) \end{pmatrix} \quad \text{für} \quad \begin{array}{c} -\dfrac{\pi}{2} \leq \delta \leq \dfrac{\pi}{2} \\[2mm] 0 \leq \varphi \leq 2\pi \end{array}$$

Dabei wird δ Breiten- und φ Längenkoordinate genannt.

<u>**Koordinatentransformation:**</u>

Die Koordinaten des Punkts $P(x_1|x_2|x_3)$ eines Vektorraums **V** mit der Basis **B** sollen in die Koordinaten des Punktes $\overline{P}(\overline{p}_1|\overline{p}_2|\overline{p}_3)$ eines anderen Vektorraums $\overline{\mathbf{V}}$ (lies V quer) mit der Basis $\overline{\mathbf{B}}$ umgewandelt (transformiert) werden. Die linear unabhängigen

Vektoren $\vec{u} = \begin{pmatrix} u_1 \\ u_2 \\ u_3 \end{pmatrix}$; $\vec{v} = \begin{pmatrix} v_1 \\ v_2 \\ v_3 \end{pmatrix}$ und $\vec{w} = \begin{pmatrix} w_1 \\ w_2 \\ w_3 \end{pmatrix}$ bilden die Basis $\overline{\mathbf{B}}$

für einen Vektorraum $\overline{\mathrm{V}}$.

Abbildungsvorschrift: $\boxed{\overline{B} \circ \vec{\overline{x}} = \vec{x}}$

Unbekannte Punktkoordinaten
bezüglich der Basis $\overline{B}$

Matrixform:

$$\begin{pmatrix} u_1 & v_1 & w_1 \\ u_2 & v_2 & w_2 \\ u_3 & v_3 & w_3 \end{pmatrix} \circ \begin{pmatrix} \overline{x}_1 \\ \overline{x}_2 \\ \overline{x}_3 \end{pmatrix} = \begin{pmatrix} x_1 \\ x_2 \\ x_3 \end{pmatrix}$$

Basisvektoren $\overline{B}$

Bekannte zu transformierende
Punktkoordinaten
der Basis B

aus

$$\overline{x}_1 \cdot \begin{pmatrix} u_1 \\ u_2 \\ u_3 \end{pmatrix} + \overline{x}_2 \cdot \begin{pmatrix} v_1 \\ v_2 \\ v_3 \end{pmatrix} + \overline{x}_3 \cdot \begin{pmatrix} w_1 \\ w_2 \\ w_3 \end{pmatrix} = \begin{pmatrix} x_1 \\ x_2 \\ x_3 \end{pmatrix}$$

erhält man

folgendes lineares Gleichungssystem, das zu lösen ist.

$$\begin{array}{ll} \text{I} & \overline{x}_1 u_1 + \overline{x}_2 v_1 + \overline{x}_3 w_1 = x_1 \\ \text{II} & \overline{x}_1 u_2 + \overline{x}_2 v_2 + \overline{x}_3 w_2 = x_2 \\ \text{III} & \overline{x}_1 u_3 + \overline{x}_2 v_3 + \overline{x}_3 w_3 = x_1 \end{array}$$

Anhang:

Flussdiagramm Gerade – Gerade:

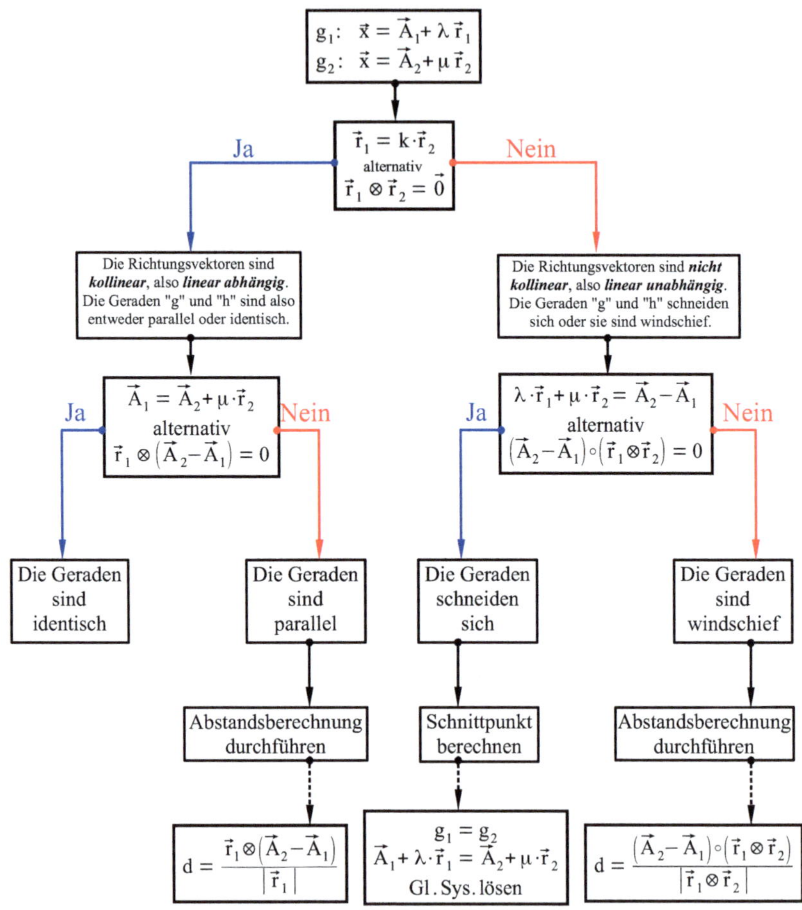

Flussdiagramm Gerade – Ebene:

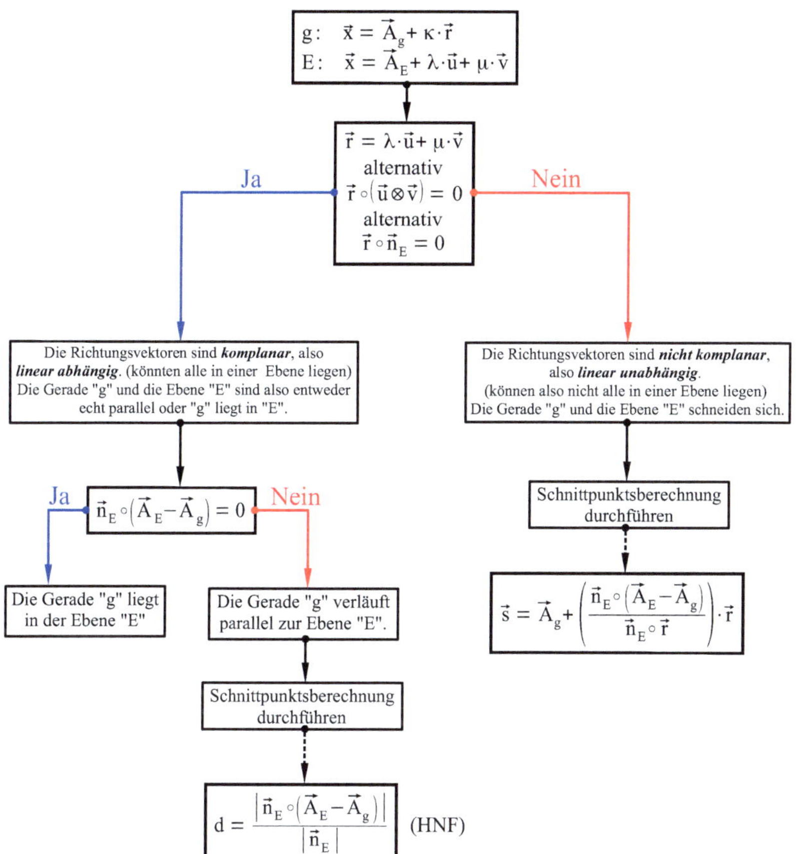

Flussdiagramm Ebene – Ebene:

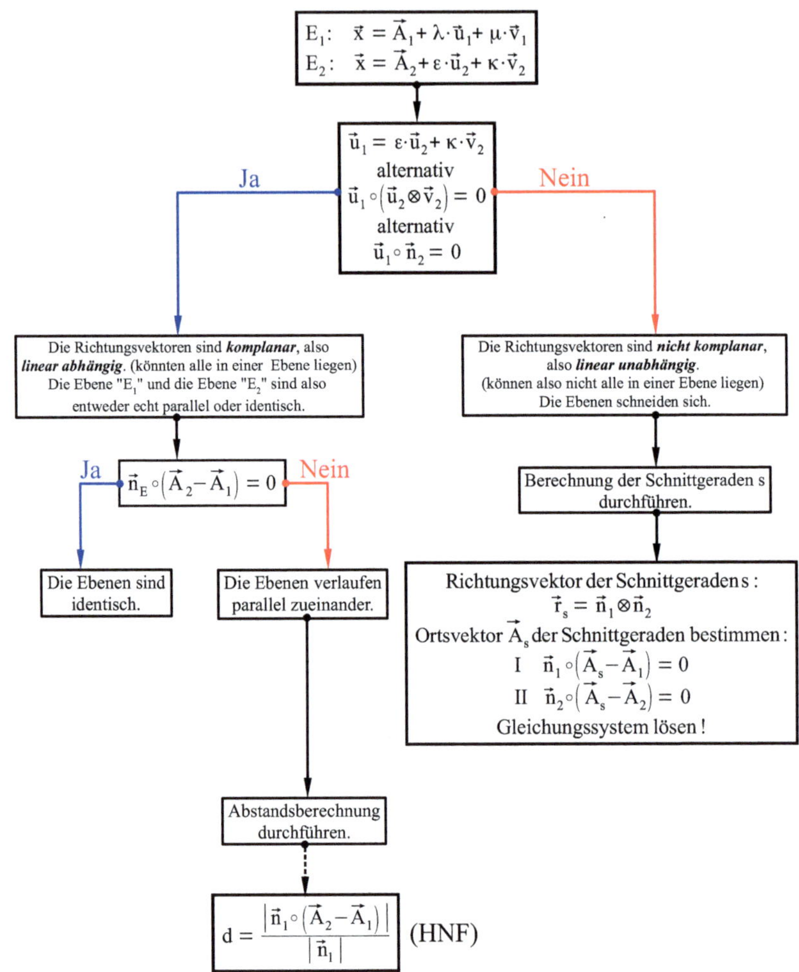

Das Griechische Alphabet:

Buchstabe	Name	Buchstabe	Name
A α	Alpha	N ν	Nü (Ni)
B β	Beta (Vita)	Ξ ξ	Xi
Γ γ	Gamma	O o	Omikron
Δ δ	Delta	Π π	Pi
E ε	Epsilon	P ρ	Rho
Z ζ	Zeta (Sita)	Σ σ	Sigma
H η	Eta (Ita)	T τ	Tau (Taf)
Θ θ	Theta (Thita)	Y υ	Ypsilon
I ι	Jota	Φ φ	Phi
K κ	Kappa	X χ	Chi
Λ λ	Lambda	Ψ ψ	Psi
M μ	Mü (Mi)	Ω ω	Omega

Einheitenvorsätze:

Symbol	Name	Wert	Symbol	Name	Wert
d	Dezi	10^{-1}	da	Deka	10^{1}
c	Zenti	10^{-2}	h	Hekto	10^{2}
m	Milli	10^{-3}	k	Kilo	10^{3}
μ	Mikro	10^{-6}	M	Mega	10^{6}
n	Nano	10^{-9}	G	Giga	10^{9}
p	Piko	10^{-12}	T	Tera	10^{12}
f	Femto	10^{-15}	P	Peta	10^{15}
a	Atto	10^{-18}	E	Exa	10^{18}
y	Yokto	10^{-21}	Z	Zetta	10^{21}
z	Zepto	10^{-24}	Y	Yotta	10^{24}

Stichwortverzeichnis

A

Ableitung......................7, 15f., 64ff., 69, 77
Ableitungsregeln.................................7, 67
Absorptionsgesetz.....................................18
Abszisse..53
Achsen-Abschnittsform...........6, 12, 51, 142
Achsenspiegelung.............................11, 119
Achsensymmetrie......................................68
Addition............4f., 7, 11, 14, 30, 39, 62, 128
Additionstheoreme..............................7, 62
Additionsverfahren...............................5, 39
Affinitätsfaktor.....................................125
Amplitude...58ff.
arithmetische (Zahlen) Folge..............5, 43
arithmetische (Zahlen) Reihe..............5, 43
Assoziativgesetz...................18, 107f., 129
Asymptoten.......................................7, 68

B

Basisvektoren.....................10f., 105f., 127
Baumdiagramm.....................................3, 21
Bedingte Wahrscheinlichkeit...............3, 21
Betrag eines Vektors.........................10, 107
Binome...4, 34
Binomialkoeffizient............................3, 25
Binomialverteilung.............................3, 25f.
Binomischer Satz...............................4, 35
Boxplot..3, 23
Bruch..4, 30f.

D

De L' Hospital...................................8, 70
De Morgan.......................................3, 19f.
Definitionsmenge............7, 17, 48, 58ff., 68
Dezimalsystem..................................3, 17
Differential....................................7, 15f., 65
Differentialquotient.........................7, 15, 65
Differenz..........6f., 15, 18, 20, 30, 43, 48, 65
Differenzenquotient........................7, 15, 65
Differenzierbarkeit...........................6, 48
Differenzmenge................................18, 20
disjunkt...20
Diskriminante...............................5, 40f., 54
Distributivgesetz..............18, 107f., 129, 141
Division..............................4, 15, 30, 33f.
Divisor..30
Dodekaeder....................................10, 102
Drachenviereck................................9, 90
Drehstreckung.................................11, 118
Drehung eines Vektors...............10f., 111, 117

Dreiecke................8, 56, 82f., 87, 92, 102
Dualsystem...3, 17

E

Ebenengleichung...........................12, 140f.
Einheitskreis.....................................7, 61
Einheitsvektor................10f., 105f., 108, 130
Einsetzverfahren................................5, 38
Ellipse...9, 95
Ereignis.......................................3, 18, 20f.
Ergebnis......................18, 30, 141, 147
Ergebnismenge.....................................18
Erwartungswert..............................3f., 26, 28f.
Erweitern..4, 31
Exponentenregel..............................8, 70
Exponentialfunktion........................6f., 56f.
Extremwerte..................................7, 63, 69

F

Faktoren...67
Fakultät......................................5, 24, 35
Fasskreisbogen................................9, 94
Fixpunkte von Abbildungen.............11, 126
Flächenbilanz.......................................76
Flächenmaßzahl....................................76
Funktion...5ff., 37, 48ff., 62ff., 72, 75, 77, 115ff., 119ff.
Funktionentransformation.................6, 49

G

Ganze Zahlen..16
Gauß, kurz......................................5, 40
geometrische (Zahlen) Folge...............6, 44
geometrische (Zahlen) Reihe...............6, 44
geometrische Örter............................8, 80
Gerade...6, 10ff., 51f., 56, 63, 80, 96, 105, 112ff., 137ff., 144ff., 152f.
Geradengleichung.....10, 12, 112, 137, 139, 144f.
Gleichsetzungsverfahren....................5, 38
goldene Schnitt..................................8, 81
Grenzwertberechnung........................7, 70
Grundgrenzwerte..............................8, 71
Grundmenge...17
Grundwert..6, 46

H

HDI..8, 77
Heronverfahren.................................5, 42
Hessesche Normalenform............11f., 113, 141
Hexaeder.......................................10, 101
HNF...........................11f., 113, 141, 147f.
Höhensatz.......................................9, 84

Hornerschema................................5, 41
Hypergeometrische Verteilung................4, 27
Hypotenuse................................83

I

Idempotenzgesetz................................18
Ikosaeder................................10, 102
Inkreis................82f., 85, 89f., 92
Inkreismittelpunkt................................89, 92
Inkreisradius................82f., 85, 89f., 92
Integralfunktion................................8, 77f.
Integralgrenze................................77
Integralrechnung................................8, 72
Integralsubstitution................................8, 74
Integrandenfunktion................................72, 77
Integrationskonstante................................72
Integrationsverfahren................................8, 74
Intervallregel................................8, 77
inverse Vektor................11, 105, 129
Inverser Vektor................................105

K

kartesische Koordinaten................................6, 47
kartesische Koordinatensystem................................6, 47
Katheten................9, 83f., 100
Kathetensatz................................9, 84
Kehrbruch................................31, 34
Kehrwert................................31
Kettenregel................................7, 67
Kollineare Punkte................................105
Kombination................................3, 24
Kombinatorik................................3, 24
Kommutativgesetz................18, 108, 129
komplanarer Vektoren................................12, 135
Komplementmenge................................18
Komplexe Zahlen................................17
Konstantenregel................................7, 70
Koordinatenform einer Ebene................................12, 141
Koordinatenform einer Geraden................................10, 112
Koordinatentransformation................................13, 150
Kosinus................7, 9, 59f., 62, 86
Kosinusfunktion................................7, 59f.
Kosinussatz................................9, 86
Kostenstruktur................................6, 47
Kreis................9ff., 24, 80, 93f., 97f., 100, 104, 114
Kreisb................................93
Kreisbogen................................9, 93
Kreisfläche................................9, 80, 93
Kreisgleichung................................11, 114
Kreisk................................104
Kreiskegel................................10, 100, 104
Kreiskegelstumpf................................10, 100
Kreisringzylinder................................9, 98

Kreisumfang................................9, 93
Kreiszylinder................................9, 97
Kreuzprodukt................................110
Krümmung................................7, 69
Kugel................10, 13, 103f., 149f.
Kugelhaube................................103
Kugelkeil................................10, 103
Kugelkoordinaten................................13, 150
Kugelschicht................................10, 104
Kugelsegment................................10, 103f.
Kugelsektor................................10, 104
Kurvendiskussion................................7, 68
Kürzen................................4, 31

L

Lage von Ebenen................................12, 143
Lage von Geraden................................12, 138
Länge eines Vektors................................129
Leere Menge................................18
lineare Funktion................................6, 51
Lineare Gleichungssysteme................................5, 37
Linearkombination................................106
logarithmische Ableitung................................7, 67
Logarithmus................5, 7f., 36f., 58, 70
Logarithmusfunktion................................7, 58
Logarithmusregel................................8, 70
Logische Verknüpfungszeichen................................3, 14
Lösungsmenge................................17

M

Mantelfläche................8, 78, 96ff., 104
Mathematische Verknüpfungszeichen................................3, 14
Matrixform................11, 110, 115ff., 128, 151
Median................................22f.
Mengenlehre................................3, 17
Minuend................................30
Mittelpunkt................10f., 47, 88, 94, 107, 130
Mittelpunkt einer Strecke................................11, 130
Mittelpunktsvektor einer Strecke................................10, 107
Mittelpunktswinkel................................94
Mittelsenkrechten................................91
Mittelwert................................3, 22
Mittenlote................................85
Modalwert................................3, 22f.
Monotonie einer (Zahlen) Folge................................6, 44
Multiplikation................4, 10f., 14, 30, 33, 107, 129

N

Natürliche Zahlen................................16
Nenner................................15, 30, 75f.
Newtonverfahren................................5, 42
Normalenform einer Ebene................................12, 140
Normalenform einer Geraden................................10, 112
Normalenvektor................105, 140, 143, 147

Normalform...6, 51
Normalparabel...53
Nullregel...8, 77
Nullvektor...105
Numerus...36

O

Oktaeder..10, 102
Ordinate...53
orthogonale Affinität.....................................11, 125
Orthogonale Vektoren....................................10, 108
Ortsvektor.........11f., 105f., 112, 128, 131f., 142f.

P

Parabel...6, 52ff.
Parallele Geraden...12, 138
Parallelflachs...135, 147
Parallelogramm 9f., 12, 89, 96, 110, 113, 136, 145
Parallelpiped...135
Parameterform einer Ebene...........................12, 140
Parameterform einer Geraden.......................10, 112
Partialbruchzerlegung....................................8, 75
Partielle- oder Produktintegration...............8, 75
Pascalsches Dreieck...4, 35
Passante...93
Periode..57ff.
Permutation..3, 24
platonischen Körper.....................................10, 101
polar Koordinaten...47
polare Koordinatensystem.............................6, 47
Polstellen..7, 68
Potenzen..4, 33f.
Potenzmenge..18
Potenzregel...5, 8, 37, 70
Potenzsummen...6, 45
Prisma..9, 96, 135
Produkt5ff., 12, 15, 18, 30, 36, 53, 63, 67, 70, 75, 134
Produktform..6, 53
Produktmenge..18
Produktregel..5, 7f., 36, 67, 70
Projektion eines Vektors..............................10, 111
Projektionen...11f., 131, 138
Projektionsvektor..11, 111, 130
Prozent..6, 16, 46
Prozentsatz...46
Prozentwert...46
Prozentzahl...46
Punkt-Richtungs-Form einer Geraden.......12, 138
Punkt-Steigungs-Form....................................6, 51
Punktmengen...8, 80
Punktspiegelung...11, 122
Punktsymmetrie..68

Pyramide..............................10, 12, 99, 136f.
Pyramidenstumpf............................10, 99

Q

Quader..9, 97
Quadrat.............5, 9, 15, 32, 40, 88, 96
quadratische Funktion......................6, 52
Quadratische Gleichungen................5, 40
Quartil..3, 22f.
Quartilabstand.....................................23
Quotient.............5, 7f., 30, 36, 44, 67, 70
Quotientenregel..........5, 7f., 36, 67, 70

R

Radikant...15, 32
Radius..80, 94
Randwinkel..94
Ratentilgung.......................................6, 45
Rationale Zahlen...................................16
Raute..9, 89
Rechteck.......................................9, 88, 96ff.
rechtwinklige Dreieck...................8, 83, 100
Reelle Zahlen...16
Regel von Sarrus.................5, 39, 110, 135
regelmäßige n-Eck.............................9, 92
Regula falsi..5, 42
Relation...6, 48
Richtungsvektor.....................112, 138, 143
Richtungswinkel...........................11, 131f.
Rotationsvolumen..............................8, 78

S

Satz des Pythagoras...........................9, 84
Satz von Vieta....................................5, 41
Scheitelpunkt..............................6, 53, 55
Scheitelpunktsform.........................6, 53
Scherung...11, 115
Schnittgerade.................................12, 143
Schnittmenge......................................18ff.
Schnittwinkel zweier Geraden..........6, 11, 52, 114
Schwerpunktsvektor eines Dreiecks..........10, 111
Segmentfläche..................................9, 93
Sehne...9, 91, 93
Sehnenviereck..................................9, 91
Seitenhalbierende.....................56, 85, 92
Sekante..15, 93
Sektorfläche....................................9, 93
Sinus...........................7, 9, 58f., 62, 66, 86
Sinusfunktion..................................7, 58f.
Sinussatz..9, 86
Skalar.........10f., 105, 107ff., 113, 129f., 134, 145
Skalare Multiplikation....................10, 107
Skalarprodukt..........10f., 108f., 113, 130, 145
Skalierung...49

Spaltenvektor 105
Spannweite .... 22f.
Spat 12, 127, 134ff., 142, 148
Spatprodukt 12, 127, 134ff., 142
Spurgeraden 12, 143
Stammfunktion 72, 78
Stammintegrale 8, 72
Standartabweichung .... 4, 26, 28f.
Statistik 3, 22
Stetigkeit 6, 48
Stochastik 1, 3, 24
stochastisch abhängig 20
stochastisch unabhängig 20
Strahlensätze 8, 81
Stützvektor 112
Subtrahend 30
Subtraktion 4, 11, 14, 30, 128
Summand 30
Summe ... 7f., 15, 30, 43f., 67, 70, 73, 85, 105, 132
Summenregel 7f., 67, 70, 73
Summenvektor 105

T

Tangens .... 7, 60f.
Tangensfunktion .... 7, 60f.
Tangente 9, 11, 15, 42, 65, 92ff., 114
Tangentenviereck 9, 92
Teilmenge 18, 48
Teilung einer Strecke 8, 81
Terrassenpunkt 69
Tetraeder 10, 101
Thaleskreis 83, 94
Translation 49
Trapez 9, 91, 100
Trigonometrie 7, 9, 61, 86
Trigonometrischer Pythagoras 7, 62

U

Umkehrfunktion 5, 7, 37, 63f., 66
Umkreismittelpunkt 91
Umkreisradius .... 82f., 85, 91f.
unvereinbar 20

V

Varianz .... 4, 26, 28f.

Variation 3, 24
Vektor ... 6, 10ff., 51, 105ff., 115ff., 127ff., 132ff., 142, 146, 149f.
Vektoraddition .... 10, 105f.
Vektoren zwischen Punkten 10, 106
Vektorform 6, 13, 51, 115ff., 149
Vektorielle Geradengleichung 10, 112
Vektorkomponenten 128, 133
Vektorpolygon 105
Vektorprodukt 10, 12, 110, 132, 134
Vektorraum 150
Vektorverschiebung 11, 124
Venn-Diagramm 3, 19
Vereinigungsmenge .... 18f.
Verfahren nach Kramer 5, 37
Vertauschungsregel 8, 77
Vierecke 9, 87
Vierfeldertafel 3, 19

W

Wahrscheinlichkeit eines Intervalls 4, 29
Wahrscheinlichkeitsfunktion 3f., 25, 28
Wartezeitaufgaben 4, 26
Wendepunkte 7, 69
Wertemenge .... 17, 48, 58ff.
Windschiefe Geraden 12f., 139, 146
Winkelfunktionen 9, 83
Winkelhalbierende 10f., 85, 109, 130
Würfel 9, 27, 96, 101
Wurzelexponent 15, 32
Wurzeln 4, 32, 34
Wurzelregel 8, 70

Z

Zahlenmengen 3, 16
Zahlensysteme 3, 17
Zähler .... 15, 30, 75f.
Zeilenvektor 105
Zentrale 93
Zentrische Streckung .... 11, 116f.
Zins und Zinseszins 6, 45
Zwei-Punkte-Form 6, 51
Zweipunkte-Form einer Geraden 12, 137
Zylinder 97

Vielen Dank,
dass Sie das Buch gekauft haben und
viel Erfolg bei Ihren Arbeiten.

Das wünscht Ihnen der Autor
Franz Meisner

Insofern sich die Sätze der Mathematik auf die Wirklichkeit beziehen, sind sie nicht sicher, und insofern sie sicher sind, beziehen sie sich nicht auf die Wirklichkeit. Mathematische Theorien über die Wirklichkeit sind immer ungesichert - wenn sie gesichert sind, handelt es sich nicht um die Wirklichkeit.

Albert Einstein